高职高专"十三五"规划教材

服装
工业制板

第三版

戴孝林 ◎ 主编

FUZHUANG

GONGYE ZHIBAN

化学工业出版社

·北京·

本书以实用为原则进行内容的选择和章节的安排，系统地介绍了服装工业制板的理论知识和操作技能，内容涵盖了服装工业制板工作岗位的知识与能力要求，是一本实践性很强的读物。全书由服装工业制板基础、服装成衣规格设计、服装工业制板——推档放缩原理、女装工业制板实例、男装工业制板实例、童装及户外服装工业制板实例、服装排版排料与服装生产工艺文件等章节所组成。本书内容丰富翔实，理论透彻，实践充分，以成衣制作为要求进行工业样板的配置与制作，可操作性强；书中采用了大量的实例，图文并茂，方便读者学习与参考。

本书不仅适合职业院校服装专业师生选用，同时也适合相关院校的服装专业师生选用，还可供服装行业从事服装技术工作的人员阅读参考。

图书在版编目（CIP）数据

服装工业制板／戴孝林主编. —3 版 . —北京：
化学工业出版社，2016.6（2025.2重印）
ISBN 978-7-122-26669-9

Ⅰ．①服… Ⅱ．①戴… Ⅲ．①服装量裁
Ⅳ．①TS941.631

中国版本图书馆 CIP 数据核字（2016）第 065901 号

责任编辑：蔡洪伟　陈有华　　　　　　　　　　文字编辑：颜克俭
责任校对：王素芹　　　　　　　　　　　　　　装帧设计：史利平

出版发行：化学工业出版社（北京市东城区青年湖南街 13 号　邮政编码 100011）
印　　装：北京科印技术咨询服务有限公司数码印刷分部
787mm×1092mm　1/16　印张 12½　字数 296 千字　　2025 年 2 月北京第 3 版第 5 次印刷

购书咨询：010-64518888　　　　　　　售后服务：010-64518899
网　　址：http://www.cip.com.cn
凡购买本书，如有缺损质量问题，本社销售中心负责调换。

定　　价：38.00 元　　　　　　　　　　　　　　　　版权所有　违者必究

高职高专服装类专业规划教材
编 审 委 员 会

前言

　　服装工业制板是指为服装工业化生产提供一整套合乎款式要求、面料要求、规格尺寸与成衣工艺要求的且利于裁剪、缝制、后整理的生产样板的过程，是成衣生产企业有组织、有计划、有步骤、有质量地进行生产的保证；不仅包含打板（打制母板）与推板（推档放缩）以及样板制作这三个主要部分，还应具有排版排料和生产工艺文件编写能力，在服装生产企业中属于关键性的技术岗位，是连接订单（样品）与生产（成衣）的纽带，在服装款式造型、结构设计（工业制板）、成衣制造的三大构成环节中，起承上启下的作用。

　　《服装工业制板》一书正是基于这一特点，以企业工业制板职业岗位的要求为导向，以实际应用为主线，根据成衣制作要求进行工业样板的配置与制作，力求真实、可信、实用。本书自2007年出版，2011年再版，都得到了广大读者的认可与好评，由于近几年服装专业教育教学改革的不断深入和服装产业的发展变化特点，编者对原教材进行了第三次修订。删除原教材中第一章绪论和第九章服装工业样板管理的内容，对原教材第四章内容作了部分修改，将第五章和第六章内容重新做了调整，分别按女装工业制板实例和男装工业制板实例、童装及户外服装工业制板实例进行重新编写，使本书实例介绍更为具体和全面，符合当前服装院校在专业课程的教学中按女装、男装、童装等进行分类教学的要求，同时新增了近几年兴起的户外服装部分内容，使得本书内容更趋完整、全面和丰富。

　　在第三版修订过程中得到了化学工业出版社编辑的悉心指导与关怀，得到了扬州市职业大学纺织服装学院的领导与广大同仁的支持与帮助，在此表示诚挚的感谢。由于编写时间较短，水平有限，加之服装行业知识与技能更新较快，不足之处敬请批评指正。

编者
2016年3月

　　我国服装工业不仅肩负着国内十几亿人口的着装使命，而且也承担着为世界众多发达国家和地区的人们加工生产服装的重任。不断发展的服装行业需要大量理论与实践结合较好的高素质服装人才，要求他们具备在相关的工作岗位上将所学理论知识转化为实际的分析和解决问题的工作能力。

　　服装工业制板是服装生产企业十分关键的职业岗位，是连接订单（样品）与生产（成衣）的纽带，在服装款式造型、结构设计、成衣制造的三大构成环节中，起承上启下的作用。岗位的基本要求是具有进行服装资料的分析、服装材料性能测试、服装款式结构设计（工业打板）、工业推板、工业制板、生产工艺文件编制、排版划样、核料报价、质量标准控制、生产协调等综合性较强的知识与技能结构。是服装生产企业最具科技含量的工作岗位，同时又是知识与技能结合较为完美的岗位。

　　《服装工业制板》一书正是基于这个要求，以企业工业制板职业岗位的能力为导向，以知识与技能为主线，在理论与实践两个方面做到相互协调与统一。内容不仅涵盖了该岗位所必备的知识与技能，同时也做了相应的拓展，如服装工艺文件的编写、服装排版排料、工业板房的管理等，努力做到将服装基础理论同生产实际高度统一，使其更具实用价值。

　　全书共分九章，其中第一章、第二章、第四章、第五章由戴孝林编写，第三章、第六章由许继红编写，第七章、第八章、第九章由曲长荣编写，全书由戴孝林负责统稿。

　　本书在成书过程中得到了有关院校领导与广大同仁的支持与帮助，在此深表谢意。同时也感谢东华大学服装学院的张文斌教授在百忙之中抽出时间对本书进行的审稿与指导。由于编者水平有限，时间仓促，加之服装行业知识与技能更新较快，不足之处敬请批评指正。

编者
2007年5月

第二版前言

服装工业制板是服装生产企业十分关键的职业岗位，是连接订单（样品）与生产（成衣）的纽带，在服装款式造型、结构设计、成衣制造的三大构成环节中，起承上启下的作用。岗位的基本要求是具有进行服装资料的分析、服装材料性能测试、服装款式结构设计（工业打板）、工业推板、工业制板、生产工艺文件编制、排版划样、核料报价、质量标准控制、生产协调等综合性较强的知识与技能结构，是服装生产企业最具科技含量的工作岗位，同时又是知识与技能结合较为完美的岗位。

《服装工业制板》一书正是基于这个要求，以企业工业制板职业岗位的能力为导向，以知识与技能为主线，在理论与实践两个方面做到相互协调与统一。内容不仅涵盖了该岗位所必备的知识与技能，同时也做了相应的拓展，如服装工艺文件的编写、服装排版排料、工业板房的管理等，努力做到将服装基础理论同生产实际高度统一，使其更具实用价值。

本书第一版自2007年出版至今已重印多次，受到广大使用者的欢迎和好评。由于近几年教学改革的推进和服装产业的发展，第一版教材中有些内容已不能满足教学需求，因此为了更好地服务于广大读者，作者对本书进行了修订。本次修订在保持本书主题结构不变的情况下，主要是对表和图的更换，其中表是根据最新的"国家标准"进行的更换；图重新做了一遍，效果和专业性大大加强。通过本次修订使教材更具实用性和使用价值。

全书共分九章，其中第一章、第二章、第四章、第五章由戴孝林编写，第三章、第六章由许继红编写，第七章、第八章、第九章由曲长荣编写，全书由戴孝林负责统稿、修订。

本书在成书过程中得到了有关院校领导与广大同仁的支持与帮助，在此深表谢意。同时也感谢东华大学服装学院的张文斌教授在百忙之中抽出时间对本书进行的审稿与指导。由于编者水平有限，时间仓促，加之服装行业知识与技能更新较快，不足之处敬请批评指正。

编者
2011年7月

目录

第一章 服装工业制板基础

学习目标

　　了解服装工业制板的基本概念和特征，了解服装结构制图（纸样）知识与工业制板基础。掌握什么是服装工业制板，以及服装工业制板的基本内容与要求。

第一节　服装工业制板简介

一、服装工业制板的概念及内容

1. 服装工业制板的概念

服装工业制板是指为服装工业化生产提供一整套合乎款式特点、面料要求、规格数据与成衣工艺要求的且利于裁剪、缝制、后整理的生产样板的过程；是成衣生产企业有组织、有计划、有步骤、保质保量、顺利地进行生产的保证。主要包含打板（打制母板）、推板（推档放缩）以及样板制作这三个主要部分。

2. 服装工业制板的内容

（1）打制母板　根据服装款型的不同表达方式进行服装款型的结构分析，确定成衣系列规格，进行母板的制作。

（2）推档放缩　将母板制作成样衣并确认，修正母板，以准确无误的母板为基础，按样板推档放缩要求进行系列规格的推放，得到系列规格样板图形（一图全档或直接板型）。

（3）样板制作　按服装工业化生产要求制作相应的服装生产所需样板，如裁剪与工艺系列样板等。

（4）工艺文件编制　根据服装生产特点，编写服装生产工艺文件。

二、工业制板与结构制图（纸样）的区别与联系

1. 基础作用

服装工业生产中的样板是以结构制图（纸样）为基础，结构制图（纸样）是工业制板的前提，结构制图（纸样）正确与否关系到工业样板的标准与否，而结构制图（纸样）恰恰又是工业制板的母板或称原型。

2. 两者区别

（1）结构制图（纸样）　只是绘制系列规格号型中的一个号型（一般取中间号型规格）；而工业制板需要将一个系列规格号型所包含的系列样板一片不漏地绘制出来，系列化要求较高。

（2）结构制图（纸样）　适合单件或数量较少的服装生产，有时可省略一些部件或其他纸样的绘制；工业制板适用于大批量服装生产，必须全面详细地绘制出结构制图（纸样），制作出所有生产所需样板，同时在原始阶段就必须考虑服装生产中的缩率问题。

（3）结构制图（纸样）　在操作过程可省略其中的程序，如可直接在面料上进行操作（单件服装结构设计时）；而工业制板则必须严格按照规格标准、工艺要求进行设计和制作，样板上必须有相应合乎标准的符号或文字说明，还必须有严格的详细的工艺说明书；标准化、系列化、规范化极强。

三、服装工业制板的类型

（1）人工制板　工具简单、直观、方便；较耗时，有误差，投入较低。

① 推档法。以比例、比率进行计算，形成一图全档的图形。

② 推划法。直接在样板纸上进行推划，能够形成一次一片的板型。

③ 推剪法。扩号、摞剪，可形成一次多片的推档效果。

（2）计算机辅助制板法（CAD）　快捷、方便、精确，投入较高。

① 直接法。在计算机上直接用鼠标绘制结构图形后再进行处理，精度不高。

② 输入法。人机直接交流，快捷、精确。通过数字化仪或照相技术输入中档板型后进行处理，该方法为目前服装CAD制板的主流形式。

第二节　服装工业制板基础知识

一、单位换算与部位代号

1. 服装工业制板常用的计量单位换算（见表1-1）

表1-1　计量单位的换算

公　　制			市　　制		英　　制	
m	cm	mm	市尺	市寸	ft	in
1	100	1000	3	30	3.28034	39.3701
0.01	1	10	0.03	0.3	0.03281	0.3937
0.001	0.1	1	0.003	0.03	0.003281	0.03937
0.33333	33.333	333.33	1	10	1.0936	13.1234
0.03333	3.3333	33.333	0.1	1	0.1936	1.31234
0.3048	30.48	304.8	0.9144	9.144	1	12
0.0254	2.54	25.4	0.0762	0.762	0.08333	1
备注	单位换算：1yd＝3ft＝36in；1ft＝12in；1in＝8″；1 码＝0.914m；1m＝10dm＝100cm；1m＝1.0936yd；1 丈＝10市尺＝100市寸					

2. 常用服装工业制板部位代号（见表1-2）

表1-2　常用服装工业制板部位代号

部　位	代　号	部　位	代　号	部　位	代　号	部　位	代　号
胸围	B	膝围线	K·L	股上	BR	前颈点	FNP
腰围	W	领围线	N·L	股下	IL	后领围	BN
臀围	H	袖隆围	A·H	肩宽	SW	后颈点	BNP
腹围	MH	衣长	L	背宽	BBW	打褶	D
领围	N	前节长	FL	前胸宽	FBW	裤口	SB
乳点	B·P	背长	BL	颈侧点	SNP	袖口	CW
胸围线	B·L	裙长	SL	领高	NH	袖山	ST
腰围线	W·L	裤长	TL	领开	NW	肘线	E·L
臀围线	H·L	袖长	S	前领围	FN	颈肩点	N·P
大腿根围	TS	袖隆深	AHL	头围	HS	肩端点	SP
前裆弧长	FR	领长	CL	领高	CR	领座	SC

3. 服装尺码换算表（见表1-3）

表1-3　服装尺码换算

女 装（外衣、裙装、恤衫、上装、套装）				
中国 /cm	160～165/84～86	165～170/88～90	167～172/92～96	168～173/98～102	170～176/106～110
国际	XS	S	M	L	XL
美国	2	4～6	8～10	12～14	16～18
欧洲	34	34～36	38～40	42	44

男 装（外衣、恤衫、套装）				
中国 /cm	165/88～90	170/96～98	175/108～110	180/118～122	185/126～130
国际	S	M	L	XL	XXL

男 装（衬衫）				
中国 /cm	36～37	38～39	40～42	43～44	45～47
国际	S	M	L	XL	XXL

男 装（裤装）				
尺码	42	44	46	48	50
腰围	68～72cm	71～76cm	75～80cm	79～84cm	83～88cm
裤长	99cm	101.5cm	104cm	106.5cm	109cm

二、常用服装部位的中英文名称

1. 下装常用服装部位中英文名称（见表1-4）

表1-4　下装常用服装部位中英文名称对照表

下装部位名称（英文）	下装部位名称（中文）	下装部位名称（英文）	下装部位名称（中文）
side length	外长	Knee line	膝围
inseam	内长	Rise,fork to waist	直裆
Wast	腰围	seat	上裆
Abdomen girth	腹围	Zipper	拉链
Hip/seat	臀围	Front pocket opening	侧袋长
Thigh	横裆	Back pocket opening	后袋长
Knee	中裆	Loops	马王祥
Bottom	裤口	Facing length	贴袋宽
Front rise	前浪	Height pocket	贴袋高
Back rise	后浪		

2. 上装常用服装部位中英文名称（见表1-5）

表1-5　上装常用服装部位中英文名称对照表

上装部位名称（英文）	上装部位名称（中文）	上装部位名称（英文）	上装部位名称（中文）
Length of front	前衣长	1/2 width at the chest level	胸围
Length of back	后中长	Length of long sleeve with back	袖长（从后中量）
CB length		Sleeve length(from CB neck)	
Width of back on yoke level	肩宽	1/2 sleeve's with above	袖隆
Cross shoulder		Armhole mearurement	
Chest 1″ below armhole	胸围（袖隆下1″）	Upper arm girth	臂围
1/2 width at the waist level	腰围	elbow	肘围
Waist 19″ below HSP	腰围（肩点下19″）	Sleeve opening	袖口
1/2 width at the bottom level	摆围	Length of cuff	袖克夫
Sweep relaxed		NK line	领线
Across front	前宽	Collar ht at CB	后领高
Across back	后宽	Length of collar	领围
Bottom hem height	下摆贴边宽	Collar width on top	上领围
Front yoke from HPS	前育克（从肩点量）	Collar width on neckhole	下领围
Back yoke from CB NK	后育克（从肩点量）	CB collar height	后领高
Front armhole	前袖隆弯量	Front collar height	前领高
Back armhole	后袖隆弯量	Front neck	前领圈
Length of long sleeve	袖长（从肩点量）	Back neck	后领圈
Front center line	前中心线	Neck drop	领深
Back center line	后中心线	Neck opening	领脚长
Wrist girth	腕围	Collar stand	领脚高
Biceps circumference	袖肥	Collar point length	领尖长
placket	门襟宽	Hood length incl. visor from CB	帽长
Shoulder lopes	肩斜	Hood height	帽高
Yoke length	过肩长（宽）	Visor height	帽舌高

三、服装工业制板符号

1. 服装工业制板基本符号（见表1-6）

表1-6　服装工业制板基本符号

序号	符号	名称	说明	序号	符号	名称	说明
1	———	基本线	细实线	8		裥位线	某部位需要折进去的部分
2	———	实线	粗实线				
3	⌒⌒	等分线	裁片某部位相等距离的间隔线				
4	—·—·—	点划线	裁片连折不可裁开的线	9		省道线	需要缝进去的形状
5	—··—··—	双点划线	用于服装的折边部位				
6	·············	虚线	显示背面的轮廓线				
7		距离线	裁片某部位两点间的距离	10		直角号	两条线垂直相交成90°

序号	符 号	名 称	说 明	序号	符 号	名 称	说 明
11	▲	对称号	两个部位尺寸相同	12	✕	重叠号	裁片交叉重叠处标记

2. 服装工业制板——样板制作专用符号（见表1-7）

表1-7 服装样板制作专用符号

布丝方向	前、后中心线	缉压明线	贴衬部位
	CB　　CF		
斜向用料	抽碎褶	缝止位置	装拉链位置
压剪口合印	拨开位置	吃势位置	纽扣位置
扣眼位置	覆辑明线	线襻位置	顺褶
对褶	倒褶一	倒褶二	省道
开线袋位	明贴袋位	挖袋位置	板型拼接位置

3.服装生产工艺流程编制符号

（1）服装裁断·板型符号名称（见表1-8）

表1-8　服装裁断·板型符号名称

序号	符号	名称	说明	序号	符号	名称	说明
1	□○■●	同寸	表示两根图线，弧度不同，但长度相同	17		刀口	裁片某部位对刀标记
2		相等	表示两根图线，长度和弧度均相等	18		罗纹	裁片某部位装罗纹边
3		放缝	三角形为放缝符号，*号下面数字，表示具体放量	19		塔克线	裁片需折叠后缉明线
4	∟	直角	同∟用途相同	20		司马克	用于服装装饰线迹
5		向上	该符号用于裁片型板作提示	21		碎褶	用于裁片需要收褶的部位
6		向下	该符号用于裁片型板作提示	22		折裥	斜线方向表示高向低折叠
7		正面	该符号用于裁片型板作提示	23		明裥	表示裥面在衣片上面
8		反面	该符号用于裁片型板作提示	24		暗裥	表示裥面在衣片下面
9		经向号	表示原料的纵向	25		眼位	表示扣眼位置
10		顺向号	表示毛绒顺向	26	⊕	扣位	表示扣眼位置
11		光边	表示借助面料直布边	27	⊙	钻眼号	裁片内部定位标记
12		连口	表示型板连折部位	28		明线	缉明线的标记
13		净样号	裁片型板无缝头标记	29		开省号	省道需要剪开的标记
14		毛样号	裁片型板有缝头标记	30		对条号	表示型板要与面料对条
15	✳	劈剪样	表示该型板作劈剪用	31		对花号	表示型板要与面料对花
16		拼接号	裁片型板允拼接标记	32		对格号	表示型板要与面料对格

（2）服装辅料名称符号（见表1-9）

（3）服装成衣生产制作工序分类符号名称（见表1-10）

（4）服装熨烫工艺符号名称　了解和掌握服装面料的缩率，才能使服装成型后符合标准规定。服装面料在裁制前，应进行缩率测试，这在服装工业生产中是很重要的一道工序，如表1-11。

（5）服装手针工艺符号名称　服装手针工艺符号是根据缝制线迹状态，归纳而成的。而且，手针线迹状态种类繁多，所以符号可以根据其特点自行归纳。在应用时，有时须在标题栏内加注说明，以便识图，如表1-12所示。

表 1-9　服装辅料名称符号

序号	名称	符号	序号	名称	符号	序号	名称	符号
1	拉链		11	尼龙搭扣		21	毛衬	
2	扣子		12	三角边		22	无纺胶衬	
3	子母扣		13	橡根		23	棉布衬	
4	拉心扣		14	羽绒		24	有纺胶衬	
5	腰夹		15	棉垫肩		25	马鬃衬	
6	挂钩		16	泡沫垫肩		26	树脂衬	
7	四件扣		17	无绳嵌线 有绳嵌线		27	腈纶棉	
8	垫扣		18	罗纹		28	绒面胶衬	
9	领钩		19	里绸		29	布牙边	
10	四绳		20	麻衬		30	纤条	

表 1-10　服装成衣生产制作工序分类符号名称

名称	作业开始	一般平缝机	专用机台	手工作业	手工烫台	质检查	量检查	作业完成
符号	▽	○	(斜线圆)	◎	(拱形)	◇	□	△

表 1-11　服装熨烫工艺符号名称

名称	烫干	烫圆	拉烫	缩烫	归烫	拔烫
符号	90℃	120℃	120℃	140℃	140℃	140℃

名称	湿烫	干烫	盖布烫	不能烫	粘合烫	蒸汽烫
符号	300℃	100℃	500℃	0℃	200℃	500℃
说明	符号中的数字表示熨烫温度,温度的高低应根据面料测试的承受度数来标注					

表 1-12 服装手针工艺符号名称

序号	名称	符 号	序号	名称	符 号	序号	名称	符 号
1	擦针		6	攻针		11	线袢	
2	钱钉		7	锁眼		12	套针	
3	缲针		8	扳网针		13	蜂窝针	
4	纳针		9	三角针		14	钉扣	
5	倒钩针		10	杨树花针		15	封结	

(6) 服装缝制工艺结构符号名称 服装缝制工艺结构符号，是编制《缝制指示》计划书时必不可少的一项重内容。它是指令工艺流程各道工序的操作人员必须按照各部位的工艺结构状态进行操作。服装缝制工艺结构符号，也是产品质量检验的依据。常用服装缝制工艺结构符号如表 1-13 所示。

表 1-13 服装缝制工艺结构符号名称

序号	名称	符 号	序号	名称	符 号	序号	名称	符 号
1	平叠缉		9	分坐缉缝		17	缉滚边	
2	平接缉		10	内包缉缝		18	夹翻缉线	
3	分缝		11	来去缉缝		19	双边扣翻缉线	
4	坐倒缝		12	漏落缉缝		20	缉嵌线	
5	坐缉缝		13	灌缉缝		21	缉绱拉链	
6	卷边缝		14	缉缝拷光		22	四针橡皮筋	
7	明包缉缝		15	双针平缉缝		23	缉纳杆	
8	分缉缝		16	缉明筒		24	缉碎褶	

四、 服装工业制板的工具与材料

(1) 绘图工具 直尺、三角板、皮尺、曲线板、量角器、橡皮等。

(2) 打板工具 点线器、锥子、冲头、剪口器、订书机、胶水、剪刀等。

(3) 纸样与板样

① 结构图形纸样 一般要求伸缩性小，纸张坚韧、表面光洁，100~300g 纸张。

② 裁剪生产板样 一般要求结实、耐磨、坚韧卡纸（特定的样板纸 600g 左右）。

③ 工艺生产板样 一般同裁剪生产样板用纸即可，频繁使用并兼着模具的可使用马可铁或其他硬质板材作样板材料。

第三节　服装工业制板的流程

一、服装技术资料的分析

技术资料的准备

服装工业制板前对产品的订单或工艺文件、产品的技术标准、缝制工艺与操作规程、原辅材料的质地与性能、款式效果图、实物或结构图纸（平面款式图）、相应的规格尺寸等，进行收集、研读、分析与理解是做好工业制板的关键性工作。

二、工业制板与服装材料性能

1. 原辅材料性能与工艺要求

原辅材料性能在制板与成衣工艺生产时通常是以材料的缩量而反映。缩量主要是指缩水率和热缩率。

（1）缩水率　织物的缩水率主要取决于纤维的特性、织物的组织结构、织物的厚度、织物的后整理和缩水的方法等，经纱方向的缩水率通常比纬纱方向的缩水率大。

打板前应对面料的缩水率进行测试：$S=(L_1-L_2)/L_1\times100\%$；$L_1$为测前长，$L_2$为测后长，实际运用为：$L=L_1/1-S$（缩水率），如：长100cm，缩水率为7%，则打板长$L=100/(1-7\%)=107.5268$（cm）。如服装材料需经过特殊工艺处理（成衣后），打板前就必须按特殊工艺要求进行试样测试并严格记录。表1-14为工业制板常见织物的缩水率。

（2）热缩率　织物的热缩率与缩水率类似，主要取决于纤维的特性、织物的密度、织物的后整理和熨烫的温度等，多数情况下，经纱方向的热缩率比纬纱方向的热缩率大。

试样尺寸的热缩率：　　　　$R=(L_1-L_2)/L_1\times100\%$

式中　R——试样经、纬向的尺寸变化率，%；

　　　L_1——试样熨烫前标记间的平均距离，cm；

　　　L_2——试样熨烫后标记间的平均长度，cm。

当$R>0$时，表示织物收缩；$R<0$，表示试样伸长。

$$L_1=L_2/(1-R\%)$$

如果用精纺呢绒的面料缝制西服上衣，而成品规格的衣长是74cm，经向的缩水率是2%，那么，设计的纸样衣长（L）：

$$L=74/(1-2\%)=74/0.98=75.5\text{（cm）}$$

通常的情况是面料上要粘有纺衬或无纺衬，这时不仅要考虑面料的热缩率，还要考虑衬的热缩率，在保证它们能有很好的服用性能的基础上，黏合在一起后，计算它们共有的热缩率，从而确定适当的制板纸样尺寸。

表 1-14　工业制板常见织物的缩水率　　　　　　单位：cm

衣　料		品　　　　种	缩水率/%	
			径向(长度)	纬向(宽度)
印染棉布	丝光布	平布、斜纹、哔叽、贡呢	3.5～4	3～3.5
		府绸	4.5	2
		纱(线)卡其、纱(线)华达呢	5～5.5	2
	本光布	平布、纱卡其、纱斜纹、纱华达呢	6～6.5	2～2.5
	防缩整理的各类印染布		1～2	1～2
色织棉布	男女线呢		8	8
	条格府绸		5	2
	被单布		9	5
	劳动布(预缩)		5	5
呢绒	精纺呢绒	纯毛或含毛量在70%以上	3.5	3
		一般织品	4	3.5
	粗纺呢绒	呢面或紧密的露纹织物	3.5～4	3.5～4
		绒面织物	4.5～5	4.5～5
	组织结构比较稀松的织物		5以上	5以上
丝绸	桑蚕丝织物(真丝)		5	2
	桑蚕丝织物与其他纤维交织物		5	3
	绉线织品和绞纱织物		10	8
化纤织品	黏胶纤维织物		10	8
	涤棉混纺织品		1～1.5	1
	精纺化纤织物		2～4.5	1.5～4
	化纤纺丝绸织物		2～8	2～3

　　至于其他面料，尤其是化纤面料一定要注意熨烫的合适温度，防止面料焦化等现象。表
1-15 列出了各种纤维的熨烫温度。

表 1-15　各种纤维的熨烫温度

纤　　　　维	熨烫温度/℃	备　　　　注
棉、麻	160～200	给水可适当提高温度
毛织物	120～160	反面熨烫
丝织物	120～140	反面熨烫，不能喷水
黏胶	120～150	—
涤纶、锦纶、腈纶、维纶、丙纶	110～130	维纶面料不能用湿的烫布，也不能喷水熨烫；丙纶必须用湿烫布
氯纶	—	不能熨烫

2. 服装主要辅料分析与测试

（1）服装主要辅料　包括里料、衬料、填充料（絮类和材类）、纽扣类、线和带料。

（2）辅料主要测试项目

①里料：主要测试伸缩水率、色牢度、耐热度。②衬料：测试缩水率及黏合牢度。③填充料：测试重量、厚度，羽绒需要测试含绒量、蓬松度、透明度、耗氧指数等指标。④纽扣类：测试色牢度、耐热度。对金属配件还要测试防锈能力。对拉链的测试主要有：轻滑度、平拉强度、折拉强度、褪色牢度、码带缩率及使用寿命等。⑤线带类：对缝纫线要测试强牢度及色牢度、缩率等。对带类辅料也需测试缩率、色牢度等。

关于上述辅料测试的技术指标，由于辅料生产涉及面比较广，所以，测试时可参照辅料生产厂的技术标准或同类产品的国家标准进行。

(3) 测试报告 测试完毕必须认真如实地填写测试报告。报告一式五份，技术科、质监科、供应科、材料仓库和测试者各留一份。测试的目的是为生产技术工作提供科学必要的数据。没有拿到测试报告，技术科不准盲目制作样板和编写工艺文件。原辅材料仓库依据原辅材料的检验报告和测试报告，将材料做成小样交技术科科长确认。只有在技术科科长确认后仓库才能发料投产。

3. 织物组织结构与工业制板

根据织物组织紧密、疏松、是否富有弹性等情况在工业制板时作相应的反映。

三、工业制板与成衣号型系列规格

(1) 单号型服装部位数据 打板时结构设计所需的服装款型各部位数据。

(2) 系列号型服装部位数据 推板时所需的服装成品号型系列规格与各部位数据。

① 成衣主要部位规格 对成品服装造型有影响作用的部位规格。

② 成衣次要部位规格 即成品细部规格或小规格，对成品服装造型起辅助作用，是服装号型系列规格不可分割的组成部分。

(3) 成衣规格来源

① 自行设计 参照相关标准与惯例进行。

② 客户提供 核实可行与可靠的程度。

四、服装结构制图（纸样）设计

1. 结构制图（纸样）设计

结构制图（纸样）设计是指将造型设计的效果图分解、展开成平面的结构样片的设计过程。

2. 结构制图（纸样）设计方法

(1) 借助法 借助已有的板型或已定型的服装结构进行结构制图的方法。是一种直观、简捷的设计方法。

(2) 展平法 是针对实物样品进行结构制图的一种方法，要求准确测量实物样品的各个部位的尺寸，按要求进行定位制板（实践经验和实际水平要求较高）。

(3) 取型法 是针对照片或平面与立体款式图，提供相应部位的尺寸而进行制板的一种方法。该方法难度大，通常情况下要经过多次样衣试制、修正、复审、确认等过程。

五、服装结构图形的审核

① 观察结构图形与样品是否相符（型与结构）。

② 审核结构图形规格与成品规格是否一致，是否考虑了成衣工艺要求。

③ 审核结构图形的相关规格与款式特点是否相适应。

④ 细部造型结构与实物是否能够吻合。

⑤ 检查主要部位的结构线是否吻合。

⑥ 结构图形的全面与完整，包括任何的细节部分。

六、服装结构工艺纸样制作——服装结构图形的分解

用推盘（划线器）按要求推划出服装面料结构图形，再按不同的缝型要求、不同的工艺要求加放缝分量（做缝）、下摆折边制作出服装面料结构纸样，然后根据面料纸样制作其他的服装成衣生产要求的纸样。如里料、辅料（无/有纺衬等）、生产工艺纸样等，完成裁剪纸样及成衣生产纸样的加工与处理。

七、服装样品的制作

用所绘制的裁剪纸样和即将生产的服装原辅料，裁剪衣片，制作服装样品。用以检验结构图形与纸样的准确性，理解成衣制作工艺。

八、样品确认与结构纸样的修正

对服装样品进行规格数据的检测，成衣工艺效果的确认，关系到结构图形与纸样方面问题的，要及时加以修改，直到结构图形与纸样完全准确为止。

九、样板（纸样）推档与缩放

① 推档缩放的基本原理。

② 缩放值——档差（规格档差与部位档差）。

③ 量型关系：显量要求下，以量定型；隐量条件下，以型定量；量型调整，量型统一。

④ 检查核对。

⑤ 缩放结果（一图全档图形、单片样板或纸样）。

十、服装工业样板制作

① 面料样板。

② 里料样板。

③ 辅料样板。

④ 工艺样板。

⑤ 工业样板的标记（文字标记、定位标记）。

⑥ 检查。

十一、服装生产工艺文件的编写

根据成衣生产（大货）工艺流程编写服装生产工艺文件。

十二、验板

由专业人员对生产样板，在下去生产前作最后的查验，确保下一道工艺流程准确无误。

第四节　服装工业样板

一、服装工业样板及其分类

服装工业样板：所有符合服装工业化生产要求的服装样板称之为服装工业样板。包括裁剪和工艺样板等。服装工业样板具有标记（定位、文字）特征。服装工业样板一般可分为裁剪样板和工艺样板、修正样板三种。

1. 裁剪样板

裁剪样板均为毛样板：面料、里料、衬料、或与服装相关的其他材料样板。

2. 工艺样板

工艺样板有毛样板、净样板、毛净相结合的样板（如辅助样板等），一切有利于成衣工艺顺利快速方便进行的在裁剪、缝制、后整理中需要使用的辅助性样板总称。有部件全净样板、定形样板、定位样板等。

（1）全净样板　亦称划烫样板，主要用于面料粘衬后，确定大小、缝合位置、丝缕、对条格、净准和规正形状使用。

（2）定形样板　主要用于缝制过程中，确定服装相关部件、小部件的外观形状及大小等，如袋盖板、领、驳头、口袋形状及小祥部件等。

（3）定位样板　主要用于缝制中或成型后，确定某部位、部件的正确位置用，如门襟眼位、扣位板、省道定位、口袋位置等（绣花装饰等）。

3. 修正样板

修正样板为标准的衣片裁剪样板，主要用于面料烫缩后，确定大小、丝缕、对条格、标准大小以及净准和规正形状使用（多用于正装的前衣身）。

二、服装工业样板的不同加放量

样板的加放包括"放缝"和"缩率"两个大的方面。

1. 放缝（即缝份的加放）

款式、部位、工艺、材料等多种因素均对其有影响作用。

（1）裁片的组合加放　裁片组合的加放与具体缝制要求有关。

①分缝：加放 1cm。②明线倒缝：内层缝窄于明线宽，外层缝份大于明线宽。③来去缝：（反正或明缉暗线）一般正辑 0.4cm，反包缝份毛茬，缉明线距止口 0.5cm。④包缝。暗包明辑：正面相对，反面朝上，下层包上层毛茬 1.2cm，辑线 1cm，反转上层布料于正面辑一道止口线 1cm。特点：正面一道线、反面二道线。明包暗辑：反面相对，正面朝上，下层包上层毛茬辑线 1cm，反转上层布料于反面辑线，反转再于正面辑线。特点：正面二道线、反面一道线。一般放缝为 1.2～1.5cm。⑤其他缝型：根据不同缝制要求进行设计。

（2）折边的加放　根据款式要求进行。①裤口折边一般 4cm；②上装套装类 4cm；③大衣类 5cm；④翻脚裤口 10cm；⑤上装衬衣类 2.5cm；⑥袖口一般同底摆；⑦裙摆一般 3cm。

（3）裁片形状的加放　样板的放缝与裁片形状关系十分密切。

原则：曲线放缝份要比直线放缝份窄一些（理论上）。

原因：曲线外侧，缝份要长，折转会出现多余皱褶而影响平服；曲线内侧，缝份要短，折转会出现牵吊不平，而影响平服；缝份不宜宽，一般为 0.8cm 左右，注意要配合工艺文件的编写，在缝制工艺中该部位必须特别强调说明，但在实际操作过程中，一般不会考虑，只有在工艺要求中才得以体现，如一般领口缝份为 0.8cm 左右。

（4）不同原料质地的加放　质地疏松，易脱纱的面料，缝份应比一般面料多放些，工艺要求中，需要拷边的部位的缝份也要多放些。

2. 缩率（即原料的缩水、缩烫率和缝制过程中产生的缝缩率）

原料在缝纫、熨烫过程中会产生收缩现象，制作样板时要考虑这些因素，加放一定的缩率；一般要求是：样板的规格＝成衣规格＋成衣规格/（1－缩率），其中缩率包含面料缩率、做缩率、后处理缩率等，具体缩率视原料及不同工艺要求情况而定。

（1）做缩　在实际生产过程中缝迹收缩程度。

（2）烫缩　在实际生产过程中熨烫及后整理整烫收缩的程度。

（3）外观工艺处理缩率　水洗、石磨、砂洗、漂洗等成衣外观的工艺处理。

计算公式为 $L_1 = L/(1-缩水率)$，L_1 表示样板放加后的大小，L 表示成衣或净样大小；在缩率实际应用上，一般的规律为（面料为常规材料）：衣长 1～1.5cm；胸围 1～2cm（如门襟开襟且使用拉链，则以拉链的合齿距为加放量）；肩宽 0.3～0.5cm；袖长 0.5～1cm；脚口 0.2～0.5cm。

常规生产方式，缩率取原量的 1%。

三、服装工业样板的夹角处理技术

1. 拼接缝长度相等要求

衣片拼接缝合部位，长度相等。净缝纸样可以保证，但在加放缝份后，常规处理便会有长短；一般在加放缝份时处理成直角。如图 1-1、图 1-2 所示。

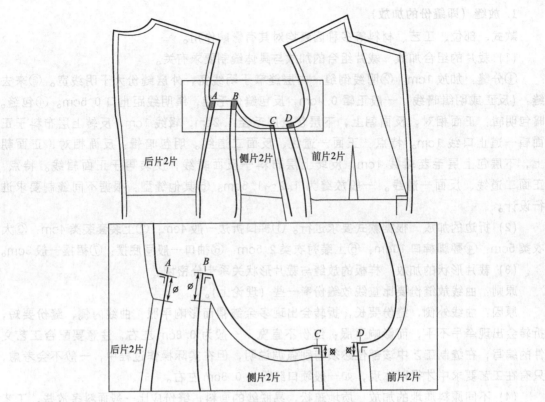

▲图1-1 拼接缝长度相等（1）

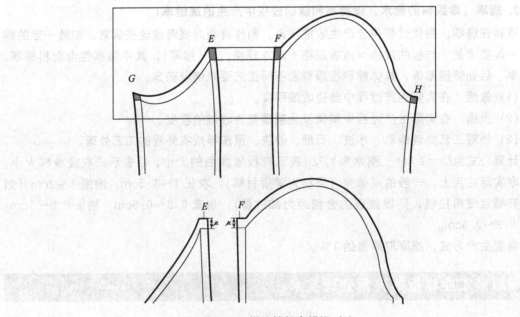

▲图1-2 拼接缝长度相等（2）

2. 反转角对称与重合

衣片有折边的部位，所折进去的部分应与衣身保持一致；一般以衣身部位形状沿折边对称。如图1-3所示。

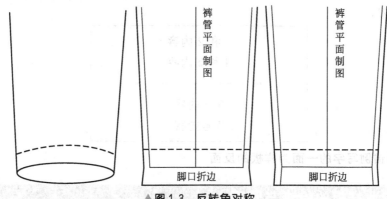

▲图1-3　反转角对称

四、服装工业样板的标记技术

1. 定位标记

样板上的定位标记主要有剪口（刀眼）和钻眼（打孔）两种，标明宽窄大小，位置的作用。

（1）剪口　用来标明的部位，在裁片的边缘处打，深宽一般为0.5cm×0.2cm。

①缝份和折边的宽窄；②收省的位置和大小；③开衩的位置；④零部件的装配位置；⑤贴袋、袖口、下摆等上端与下端对折边位置；⑥缝合装配时，相互的对称与对应点；⑦裁片对条对格位置；⑧裁片区分标记（左右、前后等）。

（2）钻眼　用来标明的部件在裁片的内部孔径一般不超过0.5cm，在0.3cm左右。

①收省长度（钻眼一般比实际省长短1cm）；②橄榄省的大小（钻眼一般比实际收省的大小每边各偏进0.3cm）；③装袋和开袋的位置和大小（钻眼一般比实际大小偏进0.3cm）。

所有定位标记对裁剪和缝制都起一定的指导作用，因此必须按照规定的尺寸和位置打准。

2. 文字标记

样板上除了定位标记外，还必须有必要的文字标记，其内容包括以下几个方面。

（1）产品型号　合约号、款号等。

（2）产品名称　具体的产品品种名称。

（3）产品规格　字母S、M、L；数字、规格。

（4）样板种类　面料、里料、衬料、辅料、工艺等。

（5）样板的名称或部件　该样板在产品构成中的部位。

（6）丝缕线　所用材料的经向标志。

（7）裁片数　该样板所用裁片数量。

（8）特殊要求　需要利用衣料光边或折边的部位应标明。

字型的选用：

中文字体应用正楷或仿宋体；

标志常用外文字母或阿拉伯数字的应尽量用图章拼盖。

要求：

端正、整洁、勿潦草与涂改，标志符号要准确无误。

组合形式为：

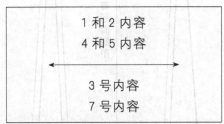

| 1 和 2 内容 |
| 4 和 5 内容 |
| ←————————→ |
| 3 号内容 |
| 7 号内容 |

3. 按一般惯例写字的一面为样板的反面

五、服装工业样板的检查与管理

1. 样板的检查

(1) 了解服装质量标准　以服装质量标准来要求工业样板的质量。

(2) 领会款式设计图　服装款式造型是平面板型的基础。

(3) 掌握制作样板的方法　不同样板的制作技巧与方法。

(4) 认真校对与复核

①检查裁片的规格尺寸是否准确无误（包括加放量的设定）；②检查裁片各细部曲线是否圆顺、流畅，相关结构线的大小、形状是否吻合；③检查样板的标记是否错漏，丝缕标志是否遗缺，文字说明是否准确；④检查样板数量（片数）是否欠缺，各种部件是否齐全；⑤检查缝份大小、折边量是否符合工艺要求等；⑥全套样板是否齐全（系列性）；⑦文字标志是否在样板的反面，在样板的醒目位置。

自检确认无误后，再送交他人（专业检验人员）复核与检查确认，发现问题应及时解决。专业检验人员确认无误后，在样板边缘加盖"验板章"后，方可投入生产。

2. 样板的管理

(1) 每一个产品的样板制定完毕后　要认真检查、复核，免欠缺、误差。

(2) 每片样板在适当的位置　样板下口上 8cm 左右分中处，打孔（1～1.5cm 孔径），分类、窜连、吊挂，标明类别、样板的数量。

(3) 样板　要实行专人、专柜、专账、专号管理。

(4) 样板上挂标牌的格式

名称：＊＊＊＊＊＊＊＊＊
面料样板：＊＊＊片
里料样板：＊＊＊片
辅料样板：＊＊＊片
工艺样板：＊＊＊片
其他样板：＊＊＊片

(5) 建立严格的审检制度与程序　审检完毕后要有签章，方可使用。

(6) 建立完备的管理与样板领用制度　专人管理，严格领用手续。

（7）样板应保持其完整性　不得随意修改、代用。

（8）样板应妥善保管　样板应保存于干燥、通风、整洁的环境之中。

思考与练习

1. 打板推板前应做哪些准备？

2. 如何进行服装款式造型结构分析？

3. 以某一品种服装为例，计划出该款服装工业制板的流程？

4. 板型符号及其作用是什么？

5. 如何用板型符号进行标注？

6. 样板怎样放缝？

7. 什么是缩率？怎样进行缩率的检测？

8. 何为服装生产系列样板，其内容是什么？

9. 裁剪样板与工艺样板的作用和区别是什么？

10. 样板中哪些部位要使用定位标记？定位标记有何作用？

11. 样板的文字标注包括哪些内容？

12. 如何进行样板的检查？

13. 什么是服装工业样板，服装工业样板与服装样板有何异同？

第二章　服装成衣规格设计

学习目标

　　了解我国服装号型标准知识，熟悉服装号型标准中的三大类型表，掌握服装号型标准中不同类型表的功能与作用、服装号型系列设计及服装成衣系列规格设计。

第一节　我国服装号型标准概况

　　第一部《服装号型系列》国家标准诞生于 1981 年，GB/T 1335.（1－3）—1981（1 为男子、2 为女子、3 为儿童）。由国家技术监督局正式批准发布实施。为研制我国首部《服装号型系列》标准，原轻工部于 1974 年组织全国服装专业技术人员，在我国 21 个省市进行了 40 万人体的体型调查，调研测量了人体的 17 个部位，测量数据以人体净体的高度、围度数为准。调研所得的数据由中国科学院数学研究所汇总，从 17 个部位数据中男子选择 12 个，即上体长、手臂长、胸围、颈围、总肩宽、后背宽、前胸宽、总体高、身高、下体长、腰围；女子增加前腰节高和后腰节高，为 14 个部位的数据。这些数据经整理、计算，求出各部位的平均值、标准差及相关数据，制定了符合我国体型的服装号型标准。第一部《服装号型系列》标准经过 10 年的宣传和应用，其后又增加了体型数据，于 1991 年批准发布，形成第二部《服装号型系列》国家标准：GB/T 1335.（1－3）—1991。替代 81 标准。

　　1998 年发布的《服装号型系列》，对使用了 7 年以后的"91 标准"作了修改，废除了其中 5·3 系列，增加了婴儿号型。标准代号为：GB/T 1335.（1－3）—1997，替代 91 标准。

　　2008 年 12 月 31 日由《中华人民共和国国家质量监督检验检疫总局》和《中国国家标准化管理委员会》联合发布的 2009 年 8 月 1 日实施的《服装号型系列》国家标准，GB/T 1335.（1－2）—2008 替代 GB/T 1335.（1－2）—1997 标准，该标准为当前乃至今后一段时期内我国服装号型系列国家标准，包括：GB/T 1335.（1）—2008 服装号型（男子）、GB/T 1335.（2）—2008 服装号型（女子），其中 GB/T 1335.（3）—2009 服装号型（儿童）为 2009 年 3 月 19 日发布，2010 年 1 月 1 日实施。但"09 儿童标准"同"97 儿童标准"相比无多大变化，"08 标准"与"97 标准"相比则有以下变化：修改了标准的英文名称，修改了标准的规范性引用文件，增加了男子 190 身高的号型设置，女子 180 身高号型设置。

第二节　服装号型系列

一、服装号型

　　服装号型简言之就是服装规格，每款服装均有与之相对应的表示大小的代码，我国服装规格的表示方法一般以人体的号型来说明，其来源于国家颁布的《服装号型标准》。服装号型是数据服装规格的依据，适用于成衣批量生产。

1. 号型定义与体型分类

　　（1）号　指人体身高，以厘米（cm）为单位表示，是设计和选购服装长短的依据。

　　（2）型　指人体的上体胸围或下体腰围，以厘米（cm）为单位表示，是设计和选购服装肥瘦的依据。

(3) 体型　是以人体的胸围与腰围的差数为依据来划分类型，并将体型分为四类。分类代号分别为 Y、A、B、C 四类，如表 2-1 所示。

表 2-1　男、女性体型分类　　　　　　　　　　单位：cm

男　　性			女　　性		
体型	胸腰差	人体总量比例／%	体型	胸腰差	人体总量比例／%
Y	22～17	20.98	Y	24～19	14.82
A	16～12	39.21	A	18～14	44.13
B	11～7	28.65	B	13～9	33.72
C	6～2	7.92	C	8～4	6.45

2. 号型的标志与应用

(1) 号型应用　上、下装分别标明号型。

(2) 号型表示方法　号与型之间用斜线分开，后接体型分类代号。

例： 上装 170/88A，其中，170 代表号，88 代表型，A 代表体型分类。下装 170/74A，其中，170 代表号，74 代表型，A 代表体型分类。170/88A，适用于身高 168～172cm、胸围 86～89cm 及胸腰差在 16～12cm 的人。

二、服装号型系列

1. 号型系列

(1) 号型系列　以各体型的中间体为中心，向两边依次递增或递减组成。

(2) 身高　以 5cm 分档组成系列。

(3) 胸围　以 4cm 分档组成系列。

(4) 腰围　以 4cm、2cm 分档组成系列。

(5) 身高与胸围　搭配组成 5·4 号型系列。

(6) 身高与腰围　搭配组成 5·4、5·2 号型系列。

2. 服装号型系列

(1) 服装号型系列　以各体型的中间体为中心，向两边依次递增或递减，服装规格也应以此系列为基础，同时按需加放松量进行设计，身高以 5cm 分档组成系列，胸、腰分别以 (4、2)cm 分档组成系列，身高与胸围、腰围搭配分别组成 5·4、5·2 号型系列。

(2) 成人男子标准　155～190cm；男子中间体：170/88/70/88.4Y、170/88/74/90A、170/92/84/93.6B、170/96/92/97C。

(3) 成人女子标准　145～180cm；女子中间体：160/84/68/88.2Y、160/84/68/90A、160/88/76/94.4B、160/88/82/96C。

(4) 儿童号型系列

儿童号型方式：52～80cm（7·4、7·3）；80～130cm（10·4、10·3）；

女童：135～155cm（5·4、5·3）；

男童：135～160cm（5·4、5·3）。

3. 号型系列的设置

(1) (5·4、5·2) 系列组合使用　5·4 用于上装，5·2 用于下装；5·4 既用于上装，也可用于下装。

（2）号型系列与体型搭配　（5·4、5·2）与四种体型代号搭配，组成8个号型系列。

①5·4Y、5·4A、5·4B、5·4C；②5·2Y、5·2A、5·2B、5·2C。

成人的号型系列设置是以中间标准体为中心，向两边递增或递减，儿童则是80cm身高为起点，胸围以48cm为起点向上递增，对身高80～130cm儿童，不分性别，身高以10cm分档，胸围以4cm分档，腰围以3cm分档，分别组成上、下装系列。身高在136～160cm男童和135～155cm女童，身高以5cm分档，腰胸仍然以3cm和4cm分档，其中胸围的变化范围为48～76cm。

（3）号型搭配　号和型同步配置；一号多型配置；多号一型配置。

一般说覆盖率较大的体型才设置号型，比例小的不予设置。

三、服装号型系列表 ［最新版 GB/T 1335.（1−2）—2008、GB/T 1335.（3）—2009］

1. 男、女性不同体型号型系列表

（1）男子5·4、5·2Y号型系列表（见表2-2）

表2-2　男子5·4、5·2Y号型系列表　　　　　　　　　单位：cm

胸围	155		160		165		170		175		180		185		190	
76			56	58	56	58	56	58								
80	60	62	60	62	60	62	60	62	60	62						
84	64	66	64	66	64	66	64	66	64	66	64	66				
88	68	70	68	70	68	70	68	70	68	70	68	70	68	70		
92			72	74	72	74	72	74	72	74	72	74	72	74	72	74
96					76	78	76	78	76	78	76	78	76	78	76	78
100							80	82	80	82	80	82	80	82	80	82
104									84	86	84	86	84	86	84	86

（2）男子5·4、5·2A号型系列表（见表2-3）

表2-3　男子5·4、5·2A号型系列表　　　　　　　　　单位：cm

胸围	155			160			165			170			175			180			185			190		
72				56	58	60	56	58	60															
76	60	62	64	60	62	64	60	62	64	60	62	64												
80	64	66	68	64	66	68	64	66	68	64	66	68												
84	68	70	72	68	70	72	68	70	72	68	70	72	68	70	72									
88	72	74	76	72	74	76	72	74	76	72	74	76	72	74	76	72	74	76						
92				76	78	80	76	78	80	76	78	80	76	78	80	76	78	80	76	78	80	76	78	80
96							80	82	84	80	82	84	80	82	84	80	82	84	80	82	84	76	78	80
100										84	86	88	84	86	88	84	86	88	84	86	88	76	78	80
104										88	90	92	88	90	92	88	90	92	88	90	92	88	90	92

（3）男子 5·4、5·2B 号型系列表（见表 2-4）

表 2-4　男子 5·4、5·2B 号型系列表　　　　　　单位：cm

胸围	身高																	
	150		155		160		165		170		175		180		185		190	
	腰围																	
72	62	64	62	64	62	64												
76	66	68	66	68	66	68	66	68										
80	70	72	70	72	70	72	70	72	70	72								
84	74	76	74	76	74	76	74	76	74	76	74	76						
88			78	80	78	80	78	80	78	80	78	80	78	80				
92			82	84	82	84	82	84	82	84	82	84	82	84	82	84		
96					86	88	86	88	86	88	86	88	86	88	86	88	86	88
100							90	92	90	92	90	92	90	92	90	92	90	92
104									94	96	94	96	94	96	94	96	94	96
108											98	100	98	100	98	100	98	100
112													102	104	102	104	102	104

（4）男子 5·4、5·2C 号型系列表（见表 2-5）

表 2-5　男子 5·4、5·2C 号型系列表　　　　　　单位：cm

胸围	身高																	
	150		155		160		165		170		175		180		185		190	
	腰围																	
76					70	72	70	72	70	72								
80	74	76	74	76	74	76	74	76	74	76								
84	78	80	78	80	78	80	78	80	78	80	78	80						
88	82	84	82	84	82	84	82	84	82	84	82	84	82	84				
92			86	88	86	88	86	88	86	88	86	88	86	88	86	88		
96			90	92	90	92	90	92	90	92	90	92	90	92	90	92	90	92
100					94	96	94	96	94	96	94	96	94	96	94	96	94	96
104							98	100	98	100	98	100	98	100	98	100	98	100
108									102	104	102	104	102	104	102	104	102	104
112											106	108	106	108	106	108	106	108
116													110	112	110	112	110	112

（5）女子 5·4、5·2Y 号型系列表（见表 2-6）

（6）女子 5·4、5·2A 号型系列表（见表 2-7）

（7）女子 5·4、5·2B 号型系列表（见表 2-8）

表 2-6 女子 5·4、5·2Y 号型系列表 单位：cm

Y																
胸围	身高															
	145		150		155		160		165		170		175		180	
	腰围															
72	50	52	50	52	50	52	50	52								
76	54	56	54	56	54	56	54	56	54	56						
80	58	60	58	60	58	60	58	60	58	60	58	60				
84	62	64	62	64	62	64	62	64	62	64	62	64	62	64		
88	66	68	66	68	66	68	66	68	66	68	66	68	66	68	66	68
92			70	72	70	72	70	72	70	72	70	72	70	72	70	72
96					74	76	74	76	74	76	74	76	74	76	74	76
100							78	80	78	80	78	80	78	80	78	80

表 2-7 女子 5·4、5·2A 号型系列表 单位：cm

A																								
胸围	身高																							
	145			150			155			160			165			170			175			180		
	腰围																							
72				54	56	58	54	56	58	54	56	58												
76	58	60	62	58	60	62	58	60	62	58	60	62	58	60	62									
80	62	64	66	62	64	66	62	64	66	62	64	66	62	64	66	62	64	66						
84	66	68	70	66	68	70	66	68	70	66	68	70	66	68	70	66	68	70	66	68	70			
88	70	72	74	70	72	74	70	72	74	70	72	74	70	72	74	70	72	74	70	72	74	70	72	74
92				74	76	78	74	76	78	74	76	78	74	76	78	74	76	78	74	76	78	74	76	78
96							78	80	82	78	80	82	78	80	82	78	80	82	78	80	82	78	80	82
100										82	84	86	82	84	86	82	84	86	82	84	86	82	84	86

表 2-8 女子 5·4、5·2B 号型系列表 单位：cm

B																
胸围	身高															
	145		150		155		160		165		170		175		180	
	腰围															
68			56	58	56	58	56	58								
72	60	62	60	62	60	62	60	62	60	62						
76	64	66	64	66	64	66	64	66	64	66						
80	68	70	68	70	68	70	68	70	68	70	68	70				
84	72	74	72	74	72	74	72	74	72	74	72	74	72	74		
88	76	78	76	78	76	78	76	78	76	78	76	78	76	78	76	78
92	80	82	80	82	80	82	80	82	80	82	80	82	80	82	80	82
96			84	86	84	86	84	86	84	86	84	86	84	86	84	86
100					88	90	88	90	88	90	88	90	88	90	88	90
104							92	94	92	94	92	94	92	94	92	94
108									96	98	96	98	96	98	96	98

(8) 女子 5·4、5·2C 号型系列表（见表 2-9）

男子、女子号型系列表可以表达以下一些信息（以男性 Y 体为例）。

① 号型系列：5·4 系列用于上装，5·2 系列用于下装。

② 体型信息：男性 Y 体表示胸腰差在 17～22 之间。

表 2-9　女子 5·4、5·2C 号型系列表　　　　单位：cm

胸围	145		150		155		160		165		170		175		180	
	腰围															
68	60	62	60	62	60	62										
72	64	66	64	66	64	66	64	66								
76	68	70	68	70	68	70	68	70								
80	72	74	72	74	72	74	72	74	72	74						
84	76	78	76	78	76	78	76	78	76	78	76	78				
88	80	82	80	82	80	82	80	82	80	82	80	82				
92	84	86	84	86	84	86	84	86	84	86	84	86	84	86		
96			88	90	88	90	88	90	88	90	88	90	88	90	88	90
100			92	94	92	94	92	94	92	94	92	94	92	94	92	94
104					96	98	96	98	96	98	96	98	96	98	96	98
108							100	102	100	102	100	102	100	102	100	102
112									104	106	104	106	104	106	104	106

③ 号型范围：身高 155~190，档差为 5cm；

　　　　　　胸围 76~104，档差为 4cm；

　　　　　　腰围 56~84，档差为 2cm。

④ 中间号型：男性为 170/88/70/90。

⑤ 号型配置：一号多型，一型多号。

2. 男、女性不同体型控制部位数值表

控制部位数值是指人体主要部位数值（系净体数据），是设计服装规格的依据。

(1) 男子 5·4、5·2Y 号型系列控制部位数值表（见表 2-10）

表 2-10　男子 5·4、5·2Y 号型系列控制部位数值表　　　　单位：cm

部位	数值															
身高	155		160		165		170		175		180		185		190	
颈椎点高	133.0		137.0		141.0		145.0		149.0		153.0		157.0		161.0	
坐姿颈椎点高	60.5		62.5		64.5		66.5		68.5		70.5		72.5		74.5	
全臂长	51.0		52.5		54.0		55.5		57.0		58.5		60.0		61.5	
腰围高	94.0		97.0		100.0		103.0		106.0		109.0		112.0		115.0	
胸围	76		80		84		88		92		96		100		104	
颈围	33.4		34.4		35.4		36.4		37.4		38.4		39.4		40.4	
总肩宽	40.4		41.6		42.8		44.0		45.2		46.4		47.6		48.8	
腰围	56	58	60	62	64	66	68	70	72	74	76	78	80	82	84	86
臀围	78.8	80.4	82.0	83.6	85.2	86.8	88.4	90.0	91.6	93.2	94.8	96.4	98.0	99.6	101.2	102.8

(2) 男子 5·4、5·2A 号型系列控制部位数值表（见表 2-11）

(3) 男子 5·4、5·2B 号型系列控制部位数值表（见表 2-12）

表 2-11　男子 5·4、5·2A 号型系列控制部位数值表　　　　单位：cm

A

部位	数值							
身高	155	160	165	170	175	180	185	190
颈椎点高	133.0	137.0	141.0	145.0	149.0	153.0	157.0	161.0
坐姿颈椎点高	60.5	62.5	64.5	66.5	68.5	70.5	72.5	74.5
全臂长	51.0	52.5	54.0	55.5	57.0	58.5	60.0	61.5
腰围高	93.5	96.5	99.5	102.5	105.5	108.5	111.5	114.5

胸围：72　76　80　84　88　92　96　100　104

颈围：32.8　33.8　34.8　35.8　36.8　37.8　38.8　39.8　40.8

总肩宽：38.8　40.0　41.2　42.4　43.6　44.8　46.0　47.2　48.4

腰围：56　58　60　60　62　64　64　66　68　68　70　72　72　74　76　76　78　80　80　82　84　84　86　88　88　90　92

臀围：75.6　77.2　78.8　78.8　80.4　82.0　82.0　83.6　85.2　85.2　86.8　88.4　88.4　90.0　91.6　91.6　93.2　94.8　94.8　96.4　98.0　98.0　99.6　111.2　101.2　102.8　104.4

表 2-12　男子 5·4、5·2B 号型系列控制部位数值表　　　　单位：cm

B

部位	数值							
身高	155	160	165	170	175	180	185	190
颈椎点高	133.5	137.5	141.5	145.5	149.5	153.5	157.5	161.5
坐姿颈椎点高	61	63	65	67	69	71	73	75
全臂长	51.0	52.5	54.0	55.5	57.0	58.5	60.0	61.5
腰围高	93.0	96.0	99.0	102.0	105.0	108.0	111.0	114.0

胸围：72　76　80　84　88　92　96　100　104　108　112

颈围：33.2　34.2　35.2　36.2　37.2　38.2　39.2　40.2　41.2　42.2　43.2

总肩宽：38.4　39.6　40.8　42.0　43.2　44.4　45.6　46.8　48　49.2　50.4

腰围：62　64　66　68　70　72　74　76　78　80　82　84　86　88　90　92　94　96　98　100　102　104

臀围：79.6　81.0　82.4　83.8　85.2　86.6　88.0　89.4　90.8　92.2　93.6　95　96.4　97.8　99.2　100.6　102.0　103.4　104.8　106.2　107.6　109.0

（4）男子 5·4、5·2C 号型系列控制部位数值表（见表 2-13）

表 2-13　男子 5·4、5·2C 号型系列控制部位数值表　　　　单位：cm

C

部位	数值							
身高	155	160	165	170	175	180	185	190
颈椎点高	134.0	138.0	142.0	146.0	150.0	154.0	158.0	162.0
坐姿颈椎点高	61.5	63.5	65.5	67.5	69.5	71.5	73.5	75.5
全臂长	51.0	52.5	54.0	55.5	57.0	58.5	60.0	61.5
腰围高	93.0	96.0	99.0	102.0	105.0	108.0	111.0	114.0

胸围：76　80　84　88　92　96　100　104　108　112　116

颈围：34.6　35.6　36.6　37.6　38.6　39.6　40.6　41.6　42.6　43.6　44.6

总肩宽：39.2　40.4　41.6　42.8　44.0　45.2　46.4　47.6　48.0　50.0　51.2

腰围：70　72　74　76　78　80　82　84　86　88　90　92　94　96　98　100　102　104　106　108　110　112

臀围：81.6　83.0　84.4　85　87.2　88.6　90.0　91.4　92.8　94.2　95.6　97.0　98.4　99.8　101.2　102.6　104.0　105.4　106.8　108.2　109.6　111

（5）女子 5·4、5·2Y 号型系列控制部位数值表（见表 2-14）

表 2-14　女子 5·4、5·2Y 号型系列控制部位数值表　　　　单位：cm

部位 \ 身高	145	150	155	160	165	170	175	180
颈椎点高	124.0	128.0	132.0	136.0	140.0	144.0	148.0	152.0
坐姿颈椎点高	56.5	58.5	60.5	62.5	64.5	66.5	68.5	70.5
全臂长	46.0	47.5	49.0	50.5	52.0	53.5	55.0	56.5
腰围高	89.0	92.0	95.0	98.0	101.0	104.0	107.0	110.0
胸围	72	76	80	84	88	92	96	100
颈围	31.0	31.8	32.6	33.4	34.2	35.0	35.8	36.6
总肩宽	37.0	38.0	39.0	40.0	41.0	42.0	43.0	44.0
腰围	50　52	54　56	58　60	62　64	66　68	70　72	74　76	78　80
臀围	77.4　79.2	81.0　82.8	84.6　86.4	88.2　90.0	91.8　93.6	95.4　97.2	99.0　100.8	102.6　104.4

（6）女子 5·4、5·2A 号型系列控制部位数值表（见表 2-15）

表 2-15　女子 5·4、5·2A 号型系列控制部位数值表　　　　单位：cm

部位 \ 身高	145	150	155	160	165	170	175	180
颈椎点高	124.0	128.0	132.0	136.0	140.0	144.0	148.0	152.0
坐姿颈椎点高	56.5	58.5	60.5	62.5	64.5	66.5	68.5	70.5
全臂长	46.0	47.5	49.0	50.5	52.0	53.5	55.0	56.5
腰围高	89.0	92.0	95.0	98.0	101.0	104.0	107.0	110.0
胸围	72	76	80	84	88	92	96	100
颈围	31.2	32.0	32.8	33.6	34.4	35.2	36.0	36.8
总肩宽	36.4	37.4	38.4	39.4	40.4	41.4	42.4	43.4
腰围	54 56 58	58 60 62	62 64 66	66 68 70	70 72 74	74 76 78	78 80 84	82 84 86
臀围	77.4 79.2 81.0	81.0 82.8 84.6	84.6 86.4 88.2	88.2 90.0 91.8	91.8 93.6 95.4	95.4 97.2 99.0	99.0 100.8 102.6	102.6 104.4 106.2

（7）女子 5·4、5·2B 号型系列控制部位数值表（见表 2-16）

表 2-16　女子 5·4、5·2B 号型系列控制部位数值表　　　　单位：cm

部位 \ 身高	145	150	155	160	165	170	175	180
颈椎点高	124.5	128.5	132.5	136.5	140.5	144.5	148.5	152.5
坐姿颈椎点高	57.0	59.0	61.0	63.0	65.0	67.0	69.0	71
全臂长	46.0	47.5	49.0	50.5	52.0	53.5	55.0	56.5
腰围高	89.0	92.0	95.0	98.0	101.0	104.0	107.0	110.0

胸围	68	72	76	80	84	88	92	96	100	104	108
颈围	30.6	31.4	32.2	33.0	33.8	34.6	35.4	36.2	37.0	37.8	38.6
总肩宽	34.8	35.8	36.8	37.8	38.8	39.8	40.8	41.8	42.8	43.8	44.8

腰围	56	58	60	62	64	66	68	70	72	74	76	78	80	82	84	86	88	90	92	94	96	98
臀围	78.4	80.0	81.6	83.2	84.8	86.4	88.0	89.6	91.2	92.8	94.4	96.0	97.6	99.2	100.8	102.4	104.0	105.6	107.2	108.8	110.4	112.0

（8）女子5·4、5·2C号型系列控制部位数值表（见表2-17）

表2-17　女子5·4、5·2C号型系列控制部位数值表　　　　单位：cm

C

部位	数值							
身高	145	150	155	160	165	170	175	180
颈椎点高	124.5	128.5	132.5	136.5	140.5	144.5	148.5	152.5
坐姿颈椎点高	56.5	58.5	60.5	62.5	64.5	66.5	68.5	70.5
全臂长	46.0	47.5	49.0	50.5	52.0	53.5	55	56.5
腰围高	89.0	92.0	95.0	98.0	101.0	104.0	107.0	110.0

胸围	68	72	76	80	84	88	92	96	100	104	108	112
颈围	30.8	31.6	32.4	33.2	34.8	34.8	35.6	36.4	37.2	38.0	38.8	39.6
总肩宽	34.2	35.2	36.2	37.2	38.2	39.2	40.2	41.2	42.2	43.2	42.2	45.2

腰围	60	62	64	66	68	70	72	74	76	78	80	82	84	86	88	90	92	94	96	98	100	102	104	106
臀围	78.4	80.0	81.6	83.2	84.8	86.4	88.0	89.6	91.2	92.8	94.4	96.0	97.6	99.2	100.8	102.4	104.0	105.6	107.2	108.8	110.4	112.0	113.6	115.2

男、女性不同体形控制部位数值表可以表达以下一些信息（以男性A体为例）。

① 号型系列：5·4系列用于上装，5·2系列用于下装。

② 体型信息：男性A体表示胸腰差在12～16之间。

③ 号型范围：身高155～190，档差为5cm；

　　　　　　胸围76～104，档差为4cm；

　　　　　　腰围56～84，档差为2cm。

④ 中间号型：男性为170/88/74/90。

⑤ 人体控制部位数值为成衣规格相关部位设计提供依据。

⑥ 号型配置：一号多型，选择面较大。

3. 男、女性服装号型各系列分档数值表

（1）男子服装各号型系列分档数值表（见表2-18）

表2-18　男子服装各号型系列分档数值表　　　　单位：cm

体型	Y						
部位	中间体		5·4系列		5·2系列		身高①、胸围②、腰围③每增减1cm	
	计算数	采用数	计算数	采用数	计算数	采用数	计算数	采用数
身高	170	170	5	5	5	5	1	1
颈椎点高	144.8	145.0	4.51	4.00			0.90	0.80
坐姿颈椎点高	66.2	66.5	1.64	2.00			0.33	0.40
全臂长	55.4	55.5	1.82	1.50			0.36	0.30
腰围高	102.6	103.0	3.35	3.00	3.35	3.00	0.67	0.60
胸围	88	88	4	4			1	1
颈围	36.3	36.4	0.89	1.00			0.22	0.25
总肩宽	43.6	44.0	1.97	1.20			0.27	0.30
腰围	69.1	70.0	4	4	2	2	1	1
臀围	87.9	90.0	3.00	3.20	1.50	1.60	0.75	0.80

体 型	A							
部 位	中间体		5·4系列		5·2系列		身高①、胸围②、腰围③每增减1cm	
	计算数	采用数	计算数	采用数	计算数	采用数	计算数	采用数
身高	170	170	5	5	5	5	1	1
颈椎点高	145.1	145.0	4.50	4.00	4.00		0.90	0.80
坐姿颈椎点高	66.3	66.5	1.86	2.00			0.37	0.40
全臂长	55.3	55.5	1.71	1.50			0.34	0.30
腰围高	102.3	102.5	3.11	3.00	3.11	3.00	0.62	0.60
胸围	88	88	4	4			1	1
颈围	37.0	36.8	0.98	1.00			0.25	0.25
总肩宽	43.7	43.6	1.11	1.20			0.29	0.30
腰围	74.1	74.0	4	4	2	2	1	1
臀围	90.1	90.0	2.91	3.20	1.46	1.60	0.73	0.80

体 型	B							
部 位	中间体		5·4系列		5·2系列		身高①、胸围②、腰围③每增减1cm	
	计算数	采用数	计算数	采用数	计算数	采用数	计算数	采用数
身高	170	170	5	5	5	5	1	1
颈椎点高	145.4	145.5	4.54	4.00	4.00		0.90	0.80
坐姿颈椎点高	66.9	67.0	2.01	2.00			0.40	0.40
全臂长	55.3	55.5	1.72	1.50			0.34	0.30
腰围高	101.9	102.0	2.98	3.00	2.98	3.00	0.60	0.60
胸围	92	92	4	4			1	1
颈围	38.2	38.2	1.13	1.00			0.28	0.25
总肩宽	44.5	44.4	1.13	1.20			0.28	0.30
腰围	82.8	84.0	4	4	2	2	1	1
臀围	94.1	95.0	3.04	2.80	1.52	1.40	0.76	0.70

体 型	C							
部 位	中间体		5·4系列		5·2系列		身高①、胸围②、腰围③每增减1cm	
	计算数	采用数	计算数	采用数	计算数	采用数	计算数	采用数
身高	170	170	5	5	5	5	1	1
颈椎点高	146.1	146.0	4.57	4.00	4.00		0.91	0.80
坐姿颈椎点高	67.3	67.5	1.98	2.00			0.40	0.40
全臂长	55.4	55.5	1.84	1.50			0.37	0.30
腰围高	101.6	102.0	3.00	3.00	3.00	3.00	0.60	0.60
胸围	96	96	4	4			1	1
颈围	39.5	39.6	1.18	1.00			0.30	0.25
总肩宽	45.3	45.2	1.18	1.20			0.30	0.30
腰围	92.6	92.0	4	4	2	2	1	1
臀围	98.1	97.0	2.91	2.80	1.46	1.40	0.73	0.70

① 身高所对应的高度部位是颈椎点高、坐姿颈椎点高、全臂长、腰围高。
② 胸围所对应的围度部位是颈围、总肩宽。
③ 腰围所对应的围度部位是臀围。

（2）女子服装各号型系列分档数值表（见表2-19）

表2-19　女子服装各号型系列分档数值表　　　　单位：cm

体　型	Y							
部　位	中间体		5·4系列		5·2系列		身高①、胸围②、腰围③每增减1cm	
	计算数	采用数	计算数	采用数	计算数	采用数	计算数	采用数
身高	160	160	5	5	5	5	1	1
颈椎点高	136.2	136.0	4.46	4.00			0.89	0.80
坐姿颈椎点高	62.6	62.5	1.66	2.00			0.33	0.40
全臂长	50.4	50.5	1.66	1.50			0.33	0.30
腰围高	98.2	98.0	3.34	3.00	3.34	3.00	0.67	0.60
胸围	84	84	4	4			1	1
颈围	33.4	33.4	0.73	0.80			0.18	0.25
总肩宽	39.9	40.0	0.70	1.00			0.18	0.25
腰围	63.6	64.0	4	4	2	2	1	1
臀围	89.2	90.0	3.12	3.60	1.56	1.80	0.78	0.90

体　型	A							
部　位	中间体		5·4系列		5·2系列		身高①、胸围②、腰围③每增减1cm	
	计算数	采用数	计算数	采用数	计算数	采用数	计算数	采用数
身高	160	160	5	5	5	5	1	1
颈椎点高	136.0	136.0	4.53	4.00			0.91	0.80
坐姿颈椎点高	62.6	62.5	1.65	2.00			0.33	0.40
全臂长	50.4	50.5	1.70	1.50			0.34	0.30
腰围高	98.1	98.0	3.37	3.00	3.37	3.00	0.68	0.60
胸围	84	84	4	4			1	1
颈围	33.7	33.6	0.78	0.80			0.20	0.25
总肩宽	39.9	39.4	0.64	1.00			0.16	0.25
腰围	68.2	68	4	4	2	2	1	1
臀围	90.9	90.0	3.18	3.60	1.59	1.80	0.79	0.90

体　型	B							
部　位	中间体		5·4系列		5·2系列		身高①、胸围②、腰围③每增减1cm	
	计算数	采用数	计算数	采用数	计算数	采用数	计算数	采用数
身高	160	160	5	5	5	5	1	1
颈椎点高	136.3	136.5	4.57	4.00			0.92	0.80
坐姿颈椎点高	63.2	63.0	1.81	2.00			0.36	0.40
全臂长	50.5	50.5	1.68	1.50			0.34	0.30
腰围高	98.0	98.0	3.34	3.00	3.30	3.00	0.67	0.60
胸围	88	88	4	4			1	1
颈围	34.7	34.6	0.81	0.80			0.20	0.20
总肩宽	40.3	39.8	0.69	1.00			0.17	0.25
腰围	76.6	78.0	4	4	2	2	1	1
臀围	94.8	96.0	3.27	3.20	1.64	1.60	0.82	0.80

体 型	C							
部 位	中间体		5·4系列		5·2系列		身高①、胸围②、腰围③每增减1cm	
	计算数	采用数	计算数	采用数	计算数	采用数	计算数	采用数
身高	160	160	5	5	5	5	1	1
颈椎点高	136.5	136.5	4.48	4.00			0.90	0.80
坐姿颈椎点高	62.7	62.5	1.80	2.00			0.35	0.40
全臂长	50.5	50.5	1.60	1.50			0.32	0.30
腰围高	98.2	98.0	3.27	3.00	3.27	3.00	0.65	0.60
胸围	88	88	4	4			1	1
颈围	34.9	34.8	0.75	0.80			0.19	0.20
总肩宽	40.5	39.2	0.69	1.00			0.17	0.25
腰围	81.9	82	4	4	2	2	1	1
臀围	96.0	96.0	3.33	3.20	1.67	1.60	0.83	0.80

① 身高所对应的高度部位是颈椎点高、坐姿颈椎点高、全臂长、腰围高。
② 胸围所对应的围度部位是颈围、总肩宽。
③ 腰围所对应的围度部位是臀围。

男、女性服装号型各系列分档数值表可以表达以下一些信息（以男性Y体为例）。

① 号型系列：5·4系列用于上装，5·2系列用于下装。

② 体型信息：男性Y体表示胸腰差在17~22之间。

③ 号型范围：身高155~190，档差为5cm；

  胸围76~104，档差为4cm；

  腰围56~84，档差为2cm。

④ 中间号型：男性为170/88/70/90。

⑤ 控制部位数值：人体控制部位数值为成衣规格相关部位设计提供依据。

⑥ 控制部位分档数值：控制部位分档数值即为档差。

⑦ 特殊情况：身高、胸围、腰围每增减1cm，控制部位分别对应采用数即档差。

4. 儿童服装号型标准

(1) 身高52~80cm婴儿上装、下装号型系列表（见表2-20）

表2-20 身高52~80cm婴儿上装、下装号型系列表　　　　单位：cm

号	型（胸围）			型（腰围）		
52	40			41		
59	40	44		41	44	
66	40	44	48	41	44	47
73		44	48		44	47
80			48			47

(2) 身高80~130cm儿童上装、下装号型系列表（见表2-21）

(3) 身高135~160cm男童上装、下装号型系列表（见表2-22）

(4) 身高135~160cm女童上装、下装号型系列表（见表2-23）

儿童上装、下装号型系列表可以提供以下信息（以身高80~130cm为例）。

① 号型系列：10·5系列用于上装，10·3系列用于下装。

表 2-21　身高 80～130cm 儿童上装、下装号型系列表　　　　单位：cm

号	型（胸围）				型（腰围）			
80	48				47			
90	48	52	56		47	50		
100	48	52	56		47	50	53	
110		52	56			50	53	
120			56	60		50	53	56
130			56	60	64		53	56	59

表 2-22　身高 135～160cm 男童上装、下装号型系列表　　　　单位：cm

号	型（胸围）				型（腰围）			
135	60	64	68		54	57	60	
140	60	64	68		54	57	60	
145		64	68	72		57	60	63
150		64	68	72		57	60	63
155			68	72	76		60	63	66
160				72	76	80		63	66	69

表 2-23　身高 135～160cm 女童上装、下装号型系列表　　　　单位：cm

号	型（胸围）				型（腰围）			
135	56	60	64		49	52	55	
140		60	64			52	55	
145			64	68			55	58
150			64	68	72		55	58	61
155				68	72	76		58	61	64

② 号型范围：身高 80～130cm，档差为 10cm；

胸围 48～56cm，档差为 4cm；

腰围 47～53cm，档差为 3cm。

③ 中间号型：100/56/53。

④ 号型配置：一号多型，选择面大。

(5) 身高 80～130cm 儿童控制部位的数值表 [见表 2-24(1)～(3)]

表 2-24(1)　身高 80～130cm 儿童控制部位的数值表　　　　单位：cm

号		80	90	100	110	120	130
长度部位	身高	80	90	100	110	120	130
	坐姿颈椎点高	30	34	38	42	46	50
	全臂长	25	28	31	34	37	40
	腰围高	44	51	58	65	72	79

表 2-24(2)　身高 80～130cm 儿童控制部位的数值表　　　　单位：cm

上装型		48	52	56	60	64
围度部位	胸围	48	52	56	60	64
	颈围	24.20	25	25.80	26.60	27.40
	总肩宽	24.40	26.20	28	29.80	31.60

表 2-24(3)　身高 80～130cm 儿童控制部位的数值表　　　　单位：cm

下装型		47	50	53	56	59
围度部位	腰围	47	50	53	56	59
	臀围	49	54	59	64	69

(6) 身高 135～160cm 男童控制部位的数值表 ［见表 2-25(1)～(3)］

表 2-25(1)　身高 135～160cm 男童控制部位的数值表　　　　单位：cm

号		135	140	145	150	155	160
长度部位	身高	135	140	145	150	155	160
	坐姿颈椎点高	49	51	53	55	57	59
	全臂长	44.50	46	47.50	49	50.50	52
	腰围高	83	86	89	92	95	98

表 2-25(2)　身高 135～160cm 男童控制部位的数值表　　　　单位：cm

上装型		60	64	68	72	76	80
围度部位	胸围	60	64	68	72	76	80
	颈围	29.50	30.50	31.50	32.50	33.50	34.50
	总肩宽	34.60	35.80	37	38.20	39.40	40.60

表 2-25(3)　身高 135～160cm 男童控制部位的数值表　　　　单位：cm

下装型		54	57	60	63	66	69
围度部位	腰围	54	57	60	63	66	69
	臀围	64	68.50	73	77.50	82	86.50

(7) 身高 135～155cm 女童控制部位的数值表 ［见表 2-26(1)～(3)］

表 2-26(1)　身高 135～155cm 女童控制部位的数值表　　　　单位：cm

号		135	140	145	150	155
长度部位	身高	135	140	145	150	155
	坐姿颈椎点高	50	52	54	56	58
	全臂长	43	44.50	46	47.50	49
	腰围高	84	87	90	93	96

表 2-26(2)　身高 135～155cm 女童控制部位的数值表　　　　单位：cm

上装型		60	64	68	72	76
围度部位	胸围	60	64	68	72	76
	颈围	28	29	30	31	32
	总肩宽	33.80	35	36.20	37.40	38.60

表 2-26(3)　身高 135～155cm 女童控制部位的数值表　　　　单位：cm

下装型		54	55	58	61	64
围度部位	腰围	54	55	58	61	64
	臀围	66	70.50	75	79.50	84

儿童上装、下装号型系列表可以提供以下信息（以身高 80～130cm 为例）。

① 号型系列：10·5 系列用于上装，10·3 系列用于下装。

② 号型范围：身高 80～130cm，档差为 10cm；

　　　　　　胸围 48～56cm，档差为 4cm；

　　　　　　腰围 47～53cm，档差为 3cm。

③ 中间号型：100/56/53。

④ 人体控制部位数值为成衣规格相关部位设计提供依据。

⑤ 号型配置：一号多型，选择面较大。

(8) 身高 80～130cm 儿童服装号型各系列分档数值表（见表 2-27）

表 2-27　身高 80～130cm 儿童服装号型各系列分档数值表　　　　单位：cm

部　　位	计算数	采用数	身高①、胸围②、腰围③每增减 1cm	
			计算数	采用数
身高	10	10	1	1
坐姿颈椎点高	3.30	4	0.33	0.40
全臂长	3.40	3	0.34	0.30
腰围高	7.40	7	0.74	0.70
胸围	4	4	1	1
颈围	0.90	0.80	0.20	0.20
总肩宽	2.30	1.80	0.58	0.45
腰围	2.56	3	0.64	0.75
臀围	5.96	5	1.99	1.67

① 身高所对应的高度部位是颈椎点高、坐姿颈椎点高、全臂长、腰围高。

② 胸围所对应的围度部位是颈围、总肩宽。

③ 腰围所对应的围度部位是臀围。

（9）身高 135～160cm 男童服装号型各系列分档数值表（见表 2-28）

表 2-28　身高 135～160cm 男童服装号型各系列分档数值表　　　　单位：cm

部　　位	计算数	采用数	身高①、胸围②、腰围③每增减 1cm	
			计算数	采用数
身高	5	5	1	1
坐姿颈椎点高	1.78	2	0.36	0.40
全臂长	1.87	1.50	0.37	0.30
腰围高	3.39	3	0.68	0.60
胸围	4	4	1	1
颈围	1.28	1	0.32	0.25
总肩宽	1.27	1.20	0.32	0.30
腰围	2.74	3	0.69	0.75
臀围	4.50	4.50	1.50	1.50

① 身高所对应的高度部位是颈椎点高、坐姿颈椎点高、全臂长、腰围高。

② 胸围所对应的围度部位是颈围、总肩宽。

③ 腰围所对应的围度部位是臀围。

（10）身高 135～150cm 女童服装号型各系列分档数值表（见表 2-29）

表 2-29　身高 135～150cm 女童服装号型各系列分档数值表　　　　单位：cm

部　　位	计算数	采用数	身高①、胸围②、腰围③每增减 1cm	
			计算数	采用数
身高	5	5	1	1
坐姿颈椎点高	1.89	2	0.38	0.40
全臂长	1.70	1.50	0.34	0.30
腰围高	3.47	3	0.69	0.60
胸围	4	4	1	1
颈围	1.17	1	0.29	0.25
总肩宽	1.51	1.20	0.38	0.30
腰围	2.40	3	0.60	0.75
臀围	4.76	4.50	1.59	1.50

① 身高所对应的高度部位是颈椎点高、坐姿颈椎点高、全臂长、腰围高。

② 胸围所对应的围度部位是颈围、总肩宽。

③ 腰围所对应的围度部位是臀围。

儿童服装号型各系列分档数值表提供的信息（以身高 80～130cm 为例）。

① 号型系列：10·5 系列用于上装，10·3 系列用于下装。

② 号型范围：身高 80～130cm，档差为 10cm；

胸围 48～56cm，档差为 4cm；

腰围 47～53cm，档差为 3cm。

③ 分档数值：控制部位采用数即为各部位推档放缩时使用的档差。

④ 特殊情况：身高、胸围、腰围每增减 1cm，控制部位分别对应采用数即档差。

第三节　成衣规格设计

一、服装成衣规格设计

1. 成衣规格设计类型

（1）服装效果图　效果图类型服装成衣规格设计。

（2）平面款式图　平面款式图类型服装成衣规格设计。

（3）实物样品　实物样品类型服装成衣规格设计。

2. 单号型规格设计

（1）确定衣着对象　中间体，体形特征。

（2）同身高与胸围之间的关系　人体部位与服装部位之间的关系（腰线、臀线、膝线的长度规格），服装造型风格（围度规格）。

（3）根据国家《服装号型标准》　男、女性不同体形控制部位数值表中的相关部位数值进行设计。

（4）设计产品与资料的甄别比较　寻找同以往产品的关联之处。

（5）成品规格的确定　款式的风格、廓型、功能、属性影响到款式的长度和围度。把规格限定在一个较小的范围内，便能很快选择相适应的规格。成品规格的确定还应考虑主要部位比例关系与细部规格大小。

（6）样衣制作　成品规格的确定还需通过样衣制作等一系列程序，最终确定服装成品规格的确凿数据。

3. 多号型规格设计

多号型规格设计即成衣系列规格设计。

二、成衣系列规格设计

1. 号型系列设计

（1）系列规格设置的依据　中间体地位不变，标准文本中已确定男女各类体型的中间体数值，不能自行变动。号型系列和分档数值不能变，标准文本中已规定男女服装的号型系列是 5·4 系列和 5·2 系列两种，不能另用别的系列。号型系列一经确定，服装各部位的分档数值也就相应确定，不能任意变动。

（2）设计步骤　确定系列和体型分类，如：5·4系列A体型、B体型等。确定号型设置，根据供应需要，选出需要设计的号型。计算中间体各部位规格数值即中档服装成品规格数据。

2. 系列部位规格设计

（1）以中间体为中心　按各部位分档数值，依次递减或递增组成规格系列。

（2）控制部位数值不能变　放松度的放松量要根据不同品种、款式、面料、季节、地区以及穿着习惯和流行趋势的规律随意调节，而不是一成不变。

（3）号型标准向服装规格的转化　单独的号型标准还不能裁制服装，需要通过控制数值转化成服装规格，考虑服装造型、地区、消费者的体型特征、穿着习惯、季节与流行要求，按国家服装号型标准和控制部位数值，因地制宜地确定。同时还需对各型进行技术处理。

①腹部：人体胖在哪里，衣片就放在哪里的原则。②背部：人体越胖，背部的脂肪也随之加厚，C＞B＞A＞Y，主要是通过加大肚省与腋省的办法加以解决。③腰部：放大腰口与向上放长的办法。④臀部：胖体型的人由于腰部扩大形成臀部相对平坦，在处理裤子时，后裆缝的倾斜度应减少，后翘就降低。

3. 成衣系列规格设计包括主要部位与次要部位规格设计

（1）成衣主要部位规格　对服装造型有影响的关键性部位规格。

（2）成衣次要部位规格　对服装造型起辅助作用的细部规格。

三、成衣系列规格设计实例

1. 服装造型分析

（1）人体着装总体印象　人体着装的第一感觉。

（2）服装与人体的关系　主要了解服装长度与围度的范围。

（3）服装造型风格　决定服装围度的加放量。

2. 成衣系列规格设计

（1）按国家号型标准确定　见表2-30～表2-32。

表2-30　5·4系列男性A体型主要部位号型同步配置档差　　　　单位：cm

部　　位	165/84（S）	170/88（M）	175/92（L）	档　　差
身高	165	170	175	5
颈椎点高	141	145	149	4
全臂长	54	55.5	57	1.5
腰围高	99.5	102.5	105.5	3
胸围	84	88	92	4
颈围	35.5	36.8	37.8	1
总肩宽	42.4	43.6	44.8	1.2
腰围	70	74	78	4
臀围	86.8	90	93.2	3.2

表 2-31　5·4 系列女性 A 体型主要部位号型同步配置档差　　　单位：cm

部　　位	155/80(S)	160/84(M)	165/88(L)	档　　差
身高	155	160	165	5
颈椎点高	132	136	140	4
全臂长	49	50.5	52	1.5
腰围高	95	98	101	3
胸围	80	84	88	4
颈围	32.8	33.6	34.4	0.8
总肩宽	38.4	39.4	40.4	1
腰围	64	68	72	4
臀围	86.4	90	93.6	3.6

表 2-32　5·4 系列男、女性 A 体型部位号型同步配置档差比较　　　单位：cm

部　　位	男　体　档　差	女　体　档　差
颈围(N)	1.0	0.8
总肩宽(S)	1.2	1.0
臀围(H)	3.2	3.6

(2) 按企业标准确定　在遵守国标的前提下，企业可根据不同地区不同服装款式，不同需求制定自己的标准。

(3) 按客户要求确定　外贸服装或加工型服装：客户提出或给出所需的成品规格尺寸时，应首先尽量满足客户要求，同时要分析其合理性，与国标、企业标准、常规要求是否矛盾。

(4) 国家服装号型系列标准的档差值　在服装工业纸样设计中可作为放码的理论依据加以参考和应用，在生产实际中，也可根据不同的服装造型特点，部分档差值需作灵活调整。

3. 具体实例

① 确定系列和体型，假设为 5·4 系列，A 体型。

② 从号型系列表 A 体型的号型设置，号：155～185cm；型：72～100cm，选出需要设计规格的号型。

③ 选定中间体，假设查出 A 体型男上衣的中间体为 170/88，计算出中间体规格数值。为方便起见，衣长、袖长可按号的百分率加放松量求出，胸围可用型加放松量，领围和总肩宽可分别用颈围和总肩宽（净体）数值加放松量求出。例如：

$$衣长 = 号 × 40\% + (定数) = 170 × 40\% + 5 = 73 （cm）$$

$$袖长 = 号 × 30\% + (定数) = 170 × 30\% + 9 = 60 （cm）$$

$$胸围 = 型 + (定数) = 88 + 18 = 106 （cm）$$

$$领围 = 颈围 + (定数) = 36.8 + 4 = 40.8 （cm）$$

$$总肩宽 = 总肩宽(净体) + 1 = 43.6 + 1 = 44.6 （cm）$$

4. 成衣规格设计的注意事项

服装规格设计具有随意性和极限性。随意性是指服装长度和围度可以随服装款式和结构的变化立意设计规格，上衣规格可长也可短，有的款式上衣露脐，有的款式衣长过臀，随意设计可以收到标新立异的效果。极限性是指服装规格设计受到人体的制约，它有个最低极限，即上衣再短也不能没有摆缝，围度再小也不能小于人体围度。

① 规格设计时的放松度与产品款式结构相适应。

② 放松度要与所选择的原辅材料的厚度、性能相适应。

③ 放松度要与国际、国内流行趋势相适应。

④ 放松度要与衣着地区穿着习惯相适应。

⑤ 放松度要与衣着者的性别、年龄相适应。

5. 号型应用原则

（1）控制部位数值应用　《男子服装号型各系列控制部位数值》、《女子服装号型各系列控制部位数值》应用时围度可按不同品种、不同款式要求不同加松量，长度可采用按身高的百分比加减定数制定规格。

（2）与人体的关系　儿童宜长不宜短，青年宜小不宜大，矮肥宜长不宜肥，老年宜大不宜小，瘦高宜肥不宜长。

思考与练习

1. 什么是服装标准化？

2. 服装标准制定的依据是什么？

3. 什么是服装号型？如何应用？

4. 人体体型是怎样分类的？

5. 什么是服装号型系列？

6. 怎样进行服装号型系列设计？

7. 怎样进行成衣规格设计？

8. 对各类体型怎样进行部位处理？

9. 参考服装号型标准中的相关表格及其数据，请你设计出某种服装成衣规格表，名称《××系列××服装××型规格表》；筒裙、西裤、男衬衫、西服等服装。

10. 成衣规格设计时如何理解主要部位与次要部位规格设计之间的关系？

11. 如何理解服装号型标准中的三大类表格？

第三章　服装工业制板——推档放缩原理

学习目标

　　了解服装样板推档原理与方法，熟悉服装工业制板的步骤与要求，掌握服装工业制板的制作程序与制作方法。

第一节　服装工业制板——推档放缩的原理

一、样板推档放缩的基本原理

样板推档就是以某一规格的样板为基础，对同一款式的服装，按国家技术标准规定的号型系列或特定的规格系列有规律地进行扩大或缩小若干个相似的服装板，从而打制出各个号型规格的全套裁剪样板，这一制作过程称为推档或推板。

1. 相似形的原理

样板推档放缩的原理为数学中的平面图形相似形原理，即同一个平面图形，只是在量的取值上有所不同，但其形状是一致的。

① 成衣工业生产要求：造型不变，规格变化。

② 服装造型构成要求：立体的服装造型有无数个平面衣片所构成。

③ 衣片平面形态要求：型的相似，量的变化。

推档的原理来自于数学中任意图形的相似变换放大或缩小，各衣片的绘制以各部位间的数据差数为依据，逐部位分配放缩量。但推划时，首先应选定各规格纸样的固定坐标中心点，成为统一的放缩基准点，理论上，各衣片根据需要可有多种不同的基准点选位，关键是要选出一种简单快捷的基准点位置。

以简单的正方形的变化进行分析比较，见图 3-1：(a) 图已知正方形 ABCD 与 (b) 图正方形 A′B′C′D′ 的关系为 ABCD 比 A′B′C′D′ 边长小一个单位，将 A′B′C′D′ 每边缩小一个单位得到 ABCD，分析有几种组合方式，求取最简单的一种组合方式。解析：(c) 图以 B 点和 B′ 点两点

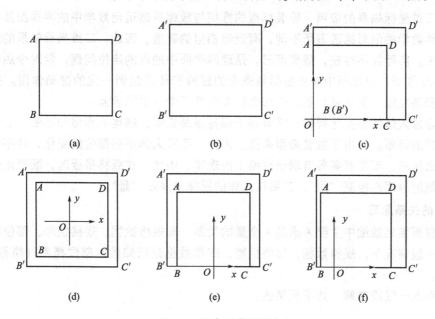

▲图 3-1　正方形的相似变化

重合作为坐标系的原点O，纵坐标在AB边上，横坐标在BC边上，那么，正方形$A'B'C'D'$各点的纵坐标在正方形$ABCD$对应各点放大：1，0；0，1，横坐标对应各点放大：0，0；1，1，顺序连接各点成放大的正方形$A'B'C'D'$；(d) 图的坐标系在正方形$ABCD$的中心，那么，正方形$A'B'C'D'$各点的纵坐标在正方形$ABCD$对应各点放大：0.5，0.5；0.5，0.5；横坐标对应各点放大：0.5，0.5；0.5，0.5；顺序连接各点成放大的正方形$A'B'C'D'$；(e) 图的坐标系原点O在正方形$ABCD$的BC边的中点，那么，正方形$A'B'C'D'$各点的纵坐标在正方形$ABCD$对应各点放大：1，0；0，1；横坐标对应各点放大：0.5，0.5；0.5，0.5；顺序连接各点成放大的正方形$A'B'C'D'$；(f) 图的坐标系原点O在正方形$ABCD$的BC边距B点为BC边长的1/4处，那么，正方形$A'B'C'D'$各点的纵坐标在正方形$ABCD$对应各点放大：1，0；0，1；横坐标对应各点放大：0.25，0.25；0.75，0.75；顺序连接各点成放大的正方形$A'B'C'D'$。除此以外，坐标系还可以建立在不同的边上，只是纵横坐标放大的数值不一样。缩小的原理与上类似。

通过分析可以得知有四种较为典型的组合方式。将 (c)、(d)、(e)、(f) 四图进行比较，发现四种放大的图形结构、造型形式没有改变，结果一样，只是正方形$ABCD$与正方形$A'B'C'D'$组合方式不同而已。对比的结果为 (c) 图的放大方法最简单，其他三图的方法就比较复杂。因此可以得到下列结论：①工业制板中的推档放缩是以建立于各图形能够产生相互关系的部分或线段之上的；②如果图形为服装结构图形，则建立于服装板型的结构线之上，同时应具有相互垂直的特征；③新的图形是基础图形（母板）相对于某个位置（基准线或参照物）在某个方向上的移动而构成；④新的图形是由其关键点连线所构成；⑤构成新图形的关键点的位置需要通过坐标轴方式来确定。

2. 基准线或参照物与二维坐标轴系的应用原理

(1) 基准线或参照物　相似形的原理具体到服装样板推档放缩上，就是平面板型在推档时，在基准点确定的情况下，以纵横两个方向为基准线，板型的关键点相对于基准线的移动与变化。

(2) 二维坐标轴系的应用　服装样板的推档与放缩虽然运用数学中的平面图形相似形原理，但同纯数学相似形原理有所不同，有近似相似的味道。因此，二维坐标轴系的应用也有相应的要求。实际并不存在，假想而已，是理解平面中的点的定位问题，但对今后学习和使用服装 CAD 推档，对推档中真正坐标轴概念的理解和使用起到一定的推动作用。推档放缩的基准点和基准线（坐标轴）的定位和选择要注意三个方面的因素：

①要适应人体体型变化规律；②有利于保持服装造型、结构的相似和不变；③便于推画放缩和纸样的清晰。但由于服装造型来自于人体，不同人体不同部位的变化，并不像正方形的放缩那么简单，而是有着各自增长或缩小的规律，因此，在纸样推板时，既要用到上面图形相似放缩的原理来控制"型"，又要按人体的规律来满足"量"。

3. 量的关系原理

(1) 样板推档放缩中主要考虑的 4 个量的关系　即规格数据、规格档差、部位数据、部位档差；一般情况下，规格数据、规格档差、部位数据是已知数，部位档差（简称部位差）是未知的。

(2) 引入一线段求解　如下列阐述：

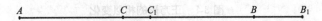

总长＝AB、总增量＝BB_1、部分长＝AC、部分增量＝CC_1；

单位长增量＝总增量（BB_1）/总线段长（AB）；

部分增量（CC_1）＝部分线段长（AC）×单位长增量；

则得：部分增量（CC_1）/部分线段长（AC）＝总增量（BB_1）/总线段长（AB）。

（3）将这一个结论用于服装样板推档放缩上

例：身高170cm（总线段长），身高档差为5cm（视为总增加量BB_1），裤长104cm（视为部分线段长AC），求裤长档差是多少（视为部分线段CC_1）？

解：根据线段比的结论：裤长档差/裤长＝身高档差/身高，裤长档差＝5×104/170＝3（cm）。

（4）样板推档放缩　实际上就是线段比例关系的一种应用，每个推档放缩部位都要遵从这一原则。

二、样板推档放缩原理运用——点放码

1. 样板的推档

样板的推档实际上主要是图形上的结构点（关键点）位置的移动变化，点的移动是由横纵方向部位差的变化来决定的，横向坐标必须平行于裁片的纬纱方向，纵向坐标必须平行于裁片的经纱方向，通过纵横方向部位差的移动，进行各结构点（关键点）变化，确定新的位置，再将变化的各点按对应原基础样板线条形状连接，便完成了新规格的样板推档。

（1）关键点位置的变化　由于放大或缩小而改变原来的位置。

（2）为纵横两个方向　同两条基准线相垂直。

（3）变化量　即档差，包括规格档差与部位档差。

（4）新点连线　以同母板形状相似的线条将新的点一一对应连线。

（5）新的板型　一图全档的网状图形。

2. 推档放缩的程序

标准样板（母板）——坐标（参照物）——关键点——纵横方向移动量——部位差（比率）——对应点连线——新的板型。点放码档差示意如图3-2所示。

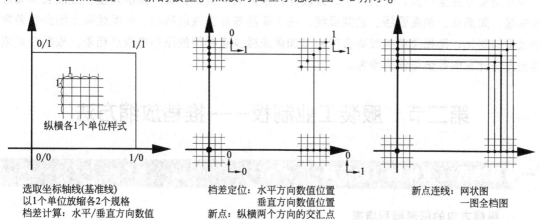

选取坐标轴线（基准线）　档差定位：水平方向数值位置　新点连线：网状图
以1个单位放缩各2个规格　　　垂直方向数值位置　　　　　一图全档图
档差计算：水平/垂直方向数值　新点：纵横两个方向的交汇点

▲图3-2　点放码档差示意

3. 点放码档差数值表

控制部位和非控制部位点放码档差一般数值见表3-1、表3-2。

表3-1　控制部位点放码档差一般数值　　　　　　　　　　　　单位：cm

控制部位(根据相关标准要求进行取值)								
上装部位	衣长	胸围	腰围	摆围	肩宽	袖长	袖口围	领围
儿童(10·4)系列	4	4	4	4	1.8	3	1	0.8/1
成人(5·4)系列	1.5/2/3	4	4	4	1/1.2	1.5	1	0.8/1
下装部位	裤长	腰围	直裆	前浪	后浪	臀围	脚口围	腿围
儿童(10·3)系列	6/7	3	1.5	2	3	4/5	1/1.5	2.5
成人(5·2)系列	1.5/2/3	2	0.6/0.8	0.5/0.8	1/1.3	1.8/2	1	1/1.5
成人(5·4)系列	1.5/2/3	4	0.6/0.8	0.5/0.8	1/1.3	3.6	1	1.8/2

表3-2　非控制部位点放码档差一般数值　　　　　　　　　　　　单位：cm

非控制部位(根据整体版型要求取值)										
衣身						衣袖		衣领		其他	
窿深	横领	直领	胸宽	背宽	腰节	袖山	袖肥	领宽	领长	位置	部件
0.6/0.8/1	0.2	0.2	0.6/0.7/0.8		1/1.25	0.3/0.5	0.8/1	不变	0.4/0.5	1/3	不变
小裆	大裆	横裆	中裆								
0.1/0.2	0.3/0.6	1.4/1.8	1/1.2								

4. 点放码档差的确定性和不确定性

理论上，点放码档差的数值均可以通过计算求取而得到并直接进行运用，但其数值存在准确性和不准确性之分，这种情况可称之为确定性和不确定性。确定性的点档差：同衣身长度和围度方向与角度完全一致，即同号和型相一致。不确定性的点档差：同衣身长度和围度方向与角度不完全一致，一般表现为线段同纵横方向不垂直，有一定的角度，线段长为弧线或曲线，如肩点、袖窿弧线、领堂弧线、袖山弧线等此类线段形态。此类线段上的点档差需经过量的对比，即相关结构线吻合时的增加量或减少量相等的原则求取点档差，根据公式或其他方法计算的数值可作为参考。

第二节　服装工业制板——推档放缩方法

一、基准线（坐标轴）的选择

1. 纵横方向的图形面积增减

推板的原理来自于数学中任意图形的相似变换，各衣片的绘制是以各部位间的尺寸差数为依据,逐部位分配(部位档差)进行放缩;也可理解为图形平面面积的增减,在纵横两个方向进行,所以样板上的各放缩点或不同部位的面积的增减均必须在二维坐标系中进行。

2. 坐标轴与基准线

无论采用哪种推档方法,在推档之前,都要在基础样板上确定两个坐标轴,相当于物体运动的参照物,两个坐标轴为不变(不动)线,即基准线,两个轴的交点为不变点即原点。

3. 坐标轴的位置

坐标轴位置选取是任意的,可根据需要灵活确定,如图 3-3 所示。

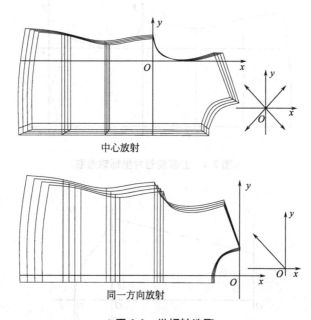

中心放射

同一方向放射

▲ 图 3-3 坐标轴选取

(1)点放射状 中心放射,放缩方向汇集于一个中心点。

(2)同一方向放射状态 放缩方向一致。

4. 坐标轴选取要求

一般应选取在有代表性的,在推档后各号型线条交叉较少的结构线上,使各档图形比较清晰。应遵循以下要求。

① 要适应人体体型变化规律。

② 有利于保持服装造型、结构的相似和不变。

③ 便于推画放缩和纸样的清晰。

④ 根据部位及档差特点选择不同组合。

上装 前片:胸围线、肩平线;前中心线、胸宽线。后片:胸围线、肩平线;后中心线、背宽线,如图 3-4 所示。

袖片 一片袖:袖肥线、袖中线,如图 3-5 所示;两片袖:袖肥线、前袖成型线,如图 3-6 所示。

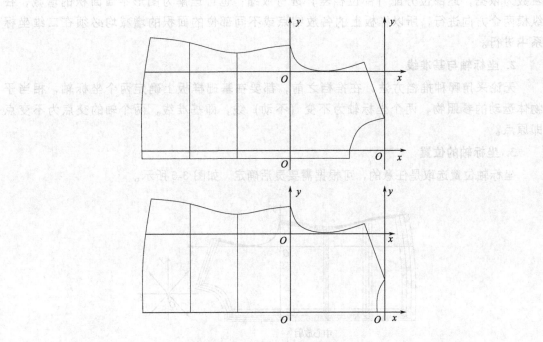

▲图 3-4　上装前后片坐标轴选取

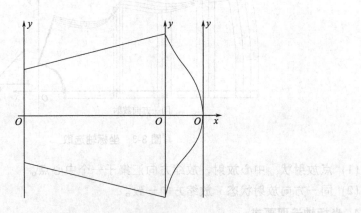

▲图 3-5　一片袖坐标轴选取

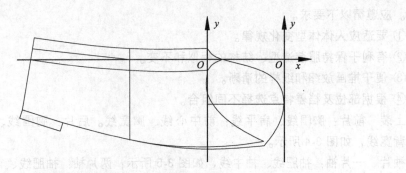

▲图 3-6　两片袖坐标轴选取

领子 基础线、后中线，如图 3-7 所示。

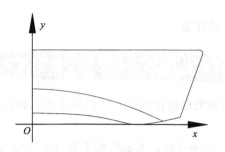

▲图 3-7 衣领坐标轴选取

下装 裤装：横裆线、腰口线、挺缝线、裤侧线，如图 3-8 所示。

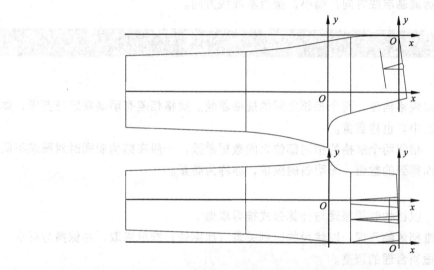

▲图 3-8 裤装前后片坐标轴选取

裙装 臀围线、前后中心线，如图 3-9 所示。

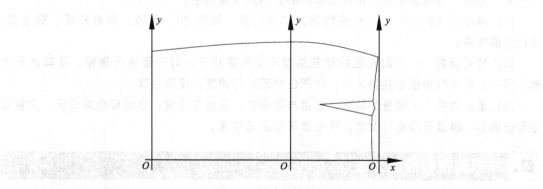

▲图 3-9 裙片坐标轴选取

5. 坐标轴的理解

(1) 两条相互垂直的线 一般为直线。

(2) 两个相互作用的部位　可以是直线，也可以是弧线、折线；前后中心部位、肩部与下摆部位等。

(3) 两条基准线或两个基准面。

二、放缩点

放缩点即关键点，是影响图形形状的点，一般处于图形轮廓的边沿之上，为两线或主要结构线与轮廓线的交点。

① 各放缩点都是两个方向所合成，为部位档差值（$X_A + A$，$Y_B + B$）。

② 有些特殊点（如坐标轴上的点）在某一方向上的放缩量为零。

③ 各点放缩量的大小与到原点O（即不变点）的距离有关，距离越远放缩量就越大，反之亦然；即放大，远离基准线方向；缩小，接近基准线方向。

三、放缩量

1. 量的类别

(1) 规格差　即规格档差，两个相邻之间的规格差数。规格档差有明确规定与要求，体现于服装的规格表当中，也称显量。

(2) 部位档差　相邻两个规格的相同部位之间数据差数，一般在结构制图时对服装不同结构部位所做计算而得到的数值，无明确的要求，亦称为隐量。

2. 量的取值

(1) 一般方法　以结构制图原理与计算公式推导取值。

(2) 根据样板推档放缩原理　以线段的比例关系（比率法）推导求取，并保持与标准母板的一致性，进行适当合理的调整。

(3) 近似方法　根据经验对一些常用部位进行近似的固定取值，如横、直开领，袖窿深，前后胸背宽，腰节等，一般适用于无特殊要求的量，即隐量。对一些无法计算、影响不大的微小部位，可按造型的比例作出微小的分档处理或调整。

(4) 基本不变的部位　小规格数据，如搭门宽、领宽/尖、省道、后直开领、折边宽、其他小部件等。

(5) 量的调整　一方面在规格档差总量不变的前提下，对分量进行调整，使其达到平衡；另一方面在保持板型的要求下，对部位档差进行调整，使其合理。

(6) 量的关系　了解量的范围，定量与可变量，显量与隐量；显量应绝对保证，定量应尽可能满足；隐量可控制与调整，可变量可修正与变通。

四、样板的推档放缩方法

1. 一图全档法

一图全档法是在一个图形上能够看清所有档差与图形，如图3-10所示。

(1) 由小到大推档　是以最小的号型样板为基础，运用推档原理，逐档放大；最后再绘

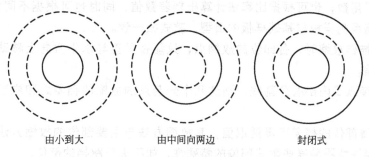

由小到大　　　　　由中间向两边　　　　　封闭式

▲ 图 3-10　一图全档法

制出全套样板。

（2）由中间向两边推档　是以中间号型的样板为基础，运用推档原理依次放大或缩小（为目前工业样板推档放缩的主流方法）。

（3）封闭推档　是以最大和最小两种号型的样板为基础，然后在两者之间对应点的连线上按号型分档定点，并连接各对应点做出其他号型的样板。

2. 推档的方式可以根据具体情况确定

① 型号的多少。

② 样品（结构纸样）规格、程序。

③ 系列规格详细程度。

④ 结构图形的复杂与简易程度。

第一种方式：当推档号型较多时，误差较多。

第二种方式：是经常使用的一种方法，主要是由服装确认样品的需要而决定的一种方法（样品制作中较常使用该方法，可容易修改结构图形）。

第三种方式：也较常用，准确度较高，适合档差有规律但相应结构数据不全的服装品种。

3. 分片推档法（直接推档）

分片推档法直接用已成型的中档板型在样板纸上进行划推的方法，可直接生成工业用服装样板。较适合衣片结构简洁、整体、规格较少的服装品种。其特点是迅速快捷，但精度不高。具体操作过程如下。

（1）按规格设计要求　确定各部位的放缩值。

（2）以中间板型为基础　在专用样板纸上划出基础板型的长宽基型（相当于基础板型的外轮廓一半的形状）。

（3）按已计算好的各部位放缩值进行放缩　以中档板型为基础进行推移，划出板型另一半的形状。

（4）调整与修饰　使板型完整。

（5）以同样的方法　分别划出其他所需的板型。

五、服装工业制板——推档放缩要求

① 在样板的推档放缩中，服装规格档差主要依据《国家服装号型标准》中的各系列分

档数值表中的采用数，也可根据比率法计算出档差数值；同时也可根据不同情况进行调节，使推档后的规格系列样板与基础样板的造型、款式相一致。

② 在样板推档放缩时，各部位的放缩点，只能在垂直与水平方向上移动，一般不能在斜线上取点放缩。

③ 如果服装款式内部有分割线，则这几个分割点的放缩的档差之和应等于该部位的档差总和。

④ 服装配属部位的档差可灵活取值，其放缩方法与主要部位的放缩方法相同。即总体原理相同，但要注意服装某些款式部位的特殊性，如不进行跳档的部位。

⑤ 某些辅助线或辅助点，如腰节线、袖肘线、中档线等需要根据服装比例推移放缩（绘制母板时，要注意该部位所使用的公式与计算方法）。

⑥ 推档（即放缩）的方向性：放大——由原点发射；缩小——向原点集中；小档——总体值偏小；大档——总体值偏大。

⑦ 复杂结构（衣片相连、重叠），应分片推档，一定要注意基准线选择的一致性；否则容易造成档差的混乱。

⑧ 一般以净板推放，尤其是较复杂的结构款型，应采用"一图全档法"推档；对于简单的板型，整体感较好，可采用毛板推板法，即先放缝份，再进行推板（使用分片推档——直接推档法）。

第三节　服装工业制板——量型关系

一、服装工业制板中的"量与型"

1. 工业制板中的"型"及其要求

服装工业制板中的"型"是服装"板型"的简称，是工业制板过程中运用服装结构设计的方法，将立体的服装款型转化平面的结构图形后而得到的服装"板型"；"板型"则是由样板的轮廓线条所构成，轮廓线条的形状影响"板型"的塑形，而"板型"又最终影响着服装款型的优美程度。工业制板完成后，所产生的系列服装，除规格数据有明显的差异外，其服装款型应完全相似，即同一款型按一定的比例，即"量"的放大或缩小，而得到相似的服装款型。因此轮廓线条的流畅顺直、合理规范，成为工业制板中对"型"的基本要求。

2. 工业制板中的"量"及其要求

工业制板中的"量"，首先表现为具象的与服装款型相关的单一的规格数据，以及服装系列化时各号型规格中的所有数据，如成衣系列规格表中所列出的各规格的衣长、胸围、腰围、臀围等具体部位的数值。在工业制板操作过程中，对这些数据的要求是十分准确和严肃的。单一的号型规格数据，来自于精确的人体测量和科学的结构设计；系列规格数据，来自于国家《服装号型标准》与成衣规格设计。在工业制板中只有"量"的准确，才能够保证所生产的成衣符合相应的人的体型要求，才能有基本的检测标准。因此，"量"的准确是服装工业制板的基本要求。同时，工业制板中的"量"有"显量"与"隐量"之分，"显量"即服装的明示规格，也称为"定量"，对服装"板型"起决定作用；而"隐量"则为服装的隐性规格，也称为"变量"，体现于服装"板型"的次要部位，对"板型"起补充作用。

二、工业制板中"量与型"关系

1. 工业制板中"量与型"关系的基本特点

服装工业制板的要求是使服装款型按一定的"量"放大或缩小，而成一个系列的新的造型。因此服装工业制板中的"量与型"的关系密不可分，"量"的多少同"型"密切相关，首先"量"的种类越多，工业制板受限制的条件就越多，制板的要求就越高；"量"的种类越少，工业制板受限的因素就越少，则制板的自由度就越大；其次"量"的取值直接影响"型"的结果，"型"的要求限制"量"的取值范围，因此就有了一定的"量"造就一定的"型"，特定的"型"要求特定的"量"的相互制约关系。由于工业制板中"量"与"型"的内涵丰富，并体现于服装款型的各个部位，任何部位"量"的偏差就会导致"型"的不准确，不同部位"型"的要求就会制约"量"的取值。因此服装工业制板中"量与型关系"，不仅表现为影响造型关系的主要"量"的数据上，有明确规定要求的号型系列规格数据，即"显量"——服装的明示规格；而且还表现为辅助造型关系中"量"的取值上，未有明确规定要求的，但对服装造型有一定影响作用的"量"的取值上，即"隐量"——服装的隐性规格。如服装款型中的内部造型布局和局部造型等。

2. 工业制板中"量与型"关系的处理

在服装工业制板的操作程序上，首先按一定要求设置所要制板的服装号型系列规格，寻找出各号型系列的规格档差，即总体"量"的变化，然后选择其中的一个号型规格（一般为中间号型），运用服装结构设计方法，将立体的服装款型分解成平面结构纸样，并以此为基础，按"量"进行缩放，以此得到新的"板型"。这里的"量"即总量，是根据国家《服装号型标准》或其他标准而设置的各号型规格系列所对应的规格档差，一般体现于"板型"的主要部位，如衣长、胸围、腰围、臀围、袖长、袖口、领围等这类"显量"——服装的明示规格上。对这部分"量与型"关系的处理，就必须坚持"以量定型"的方法，即首先要保证服装系列规格中所给定的"量"的要求，这里的"量"无论是工业制板完成后的检验或是成品服装的最后总检（对规格的测量），都是必须无条件满足的数据要求，因此在此情况下，"型"无论如何只能调整并努力适应"量"的变化，属"以量定型"方法。即当量一定时，以型适量。

在工业制板操作过程中，如果服装"板型"具有一定的规律性，即"板型"的平面形态符合平面多边形的要求，那么缩放后所得到的任何"板型"是绝对相似的，使用了多少"量"便会得到何种的"型"，总体来讲"量与型"关系是协调的。由于服装款型千变万化，人体的形态又各不相同，因此构成服装款型的平面"板型"的造型也是千差万别、变幻多端，难以寻找其规律，也很容易造成"量与型"关系变形。这也是长期困扰服装工业制板学习与普及的地方，要想保证所得到的新的"板型"完全一致或相似，就必须处理好细小部位的数值，即内部造型布局和局部造型等。如落肩、胸宽、背宽、开领值、腰节线位置、分割线位置、各条弧曲线等，即服装的"隐量"——服装工业制板时客观存在，对"显量"不影响，但是对服装"板型"起补充作用的"量"。这部分"量"的处理必须把握在总量不变的情况下，以"型"的相似为前提，忽略"量"的变化，调整"量"以适应"型"的要求，即"以型定量"。为保持服装板型的相似与统一性的要求，"隐量"只能调整配合造型，使"量"适应"型"。即当量可变时，以量适型。

3. 工业制板中量型的统一

无论是"以量定型"还是"以型定量"都是为了达到一个目的，即得到所需的理想的服装款型，只不过是由于条件的不同所产生的方式方法有所区别而已，同时也存在一定的片面性与局限性，并不完全可取。因此还必须运用好"量型结合"的方法：当"量"不准确时，可以大胆地调整"量"，也就是说重新设置号型系列规格，当"量"准确而"型"不确定时，则应毫不犹豫地修正"型"使其达到要求。因此"量与型关系"处理不是一成不变的，在条件允许范围内可相互变通，从而达到"量与型"的相互统一。

第四节　服装工业样板的制作

服装工业样板制作是服装制板的一个主要内容之一，如果从手工角度来讲，其工作量可占到服装工业制板工作量的 2/3。它包括：拓印—绘制—剪板—标记—整理等内容。当然如果使用服装 CAD 并配置割板机就省事多了，就可以将人力资源从繁重的手工劳动中解放出来，而从事其他工作。

一、系列样板的绘制（分档）

① 用工具推划（拓印）出每一片样板，以净板推档后，面料各部件与部位按实际要求加放相应的做缝（参照样板的不同加放量）。
② 根据面料样板做出其他要求的样板（里料、辅料、工艺等样板）。
③ 绘制全套样板，一个号型、一个号型地绘制，直至全套系列样板的完成。

二、成衣工艺分析

对制板服装的成衣制作工艺及其流程进行剖解与分析。这是服装工业制板中系列样板绘制准确与否的关键，包括服装成衣制作时的材料（面料、里料、辅料等）构成，成衣制作工艺构成，缝型大小与形状，用衬部位与种类，服装各部位的制作方法，成衣工艺流程分析等。

三、系列生产样板的制作

① 裁剪生产样板：包括面料、里料、辅料等。

② 工艺生产样板：方便服装工业生产所需的辅助样板。

③ 标记：文字标记、定位标记与区分标记。

a. 文字标记，主要标明每一片样板的结构形态（类型、符号、位置、规格等）；

b. 定位标记，包括丝缕、对位、定位、区分标记等；

c. 区分标记，大小、形状相似的板型及部位，以剪口标记来区分；一般置于后身之上；如后袖山、后袖底缝、后身缝、后身拼接等。

四、工业样板的检验

① 检查裁片的规格尺寸是否准确无误（包括加放量的设定）。

② 检查裁片各细部曲线是否圆顺、流畅，相关结构线的大小、形状是否吻合。

a. 侧缝与袖窿；

b. 肩缝与袖窿；

c. 肩缝与领堂；

d. 栋缝与腰口；

e. 下裆与裆门；

f. 上裆与裆门。

③ 检查样板的标记是否错漏，丝缕标志是否遗缺，文字说明是否准确。

④ 检查样板数量（片数）是否欠缺，各种部件是否齐全。

⑤ 检查缝份大小、折边量是否符合工艺要求等。

⑥ 全套样板是否齐全（系列样板）。

⑦ 文字标志是否在样板的反面，在样板的醒目位置。

⑧ 自检确认无误后，再送交他人（专业检验人员）复核与检查确认，发现问题应及时解决。

五、样板的校正与统一

① 各号型规格相似的板型按从小到大的顺序，集中到一起。

② 分别以两边平齐，查看其他边的跳档是否规范。

③ 样板的文字标注（名称、类型、位置、规格、裁片数等）。

④ 样板的检查与管理（完整度、标记、文字；打孔穿扎）。

六、服装工艺文件

服装生产工艺文件（工艺书）的编制。

七、审核——所有技术资料的审核

① 服装工艺文件（工艺书）的审核。

② 服装工业样板的审核。

思考与练习

1. 什么是打板推档，推档有哪几种方法？

2. 如何理解推档放缩中的相似形原理的运用？

3. 掌握各种推档方法的特点，如何选择推档方法？

4. 部位差与规格、规格档差、部位长度之间有何关系？

5. 样板推档时为何先要选取两个坐标轴？

6. 如何选取坐标轴？

7. 样板推档的步骤与要求是什么？

8. 如何做到推板中"量"和"型"的统一？

9. 对本章几个图形的理解，如：正方形相似变化图、线段比例图、坐标轴选取示意图、一图全档示意图等。

第四章　女装工业制板实例

学习目标

　　了解女装结构与工艺特点，掌握女装不同款型工业制板方法，学会女装款型系列工业样板制作。

第一节　女下装工业制板

一、女西服裙

款式图见图 4-1。

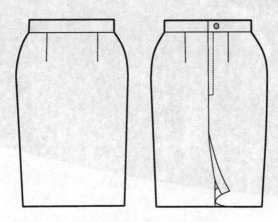

▲图 4-1　女西服裙正背面款式

（一）款式造型分析

1. 造型风格

裙长至大腿中下部，腰臀合体，能够体现女性腰臀曲线，属合体造型。一般同女性正装或衬衫搭配，为白领女性经常性装扮。

2. 结构特点

属裙装基本结构的四分围度结构方法。前身为整片，后身分为左右两片，后中上端使用拉链开合，下摆处开衩，方便活动，高档西服裙一般会加装裙里。

（二）成衣规格设计

5·2系列（160/68A）——女西服裙成衣各部位系列规格设计见表 4-1、表 4-2。

表 4-1　5·2 系列女西服裙成衣主要部位系列规格　　　　单位：cm

部位	150/64A	155/66A	160/68A	165/70A	175/72A	档差
裙长	47	48.5	**50**	51.5	53	1.5
腰围	66	68	**70**	72	74	2
臀围	91	93	**95**	97	99	2
下摆	82	84	**86**	88	90	2

表 4-2　5·2 系列女西服裙成衣次要部位系列规格　　　　　　　　　单位：cm

部位	150/64A	155/66A	160/68A	165/70A	175/72A	档差
腰头宽	3	3	3	3	3	—
下摆折边	4	4	4	4	4	—
后衩长/宽	16.3	16.8	17.3	17.8	18.3	0.5
拉练	—	—	18	—	—	—

（三）服装结构制图

女西服裙（160/68A）服装结构如图 4-2 所示。

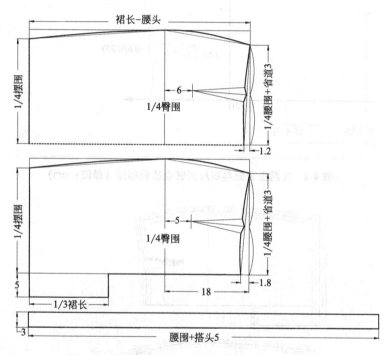

▲图 4-2　女西服裙（160/68A）服装结构（单位：cm）

（四）衣片推档放缩

1. 女西服裙面料衣片关键点放码档差

见图 4-3。

2. 女西服裙面料衣片点放码网状图

见图 4-4。

（五）成衣工艺分析

1. 面里料衣片缝份

面料衣片：后中上拉链处缝份 1.5cm，下摆 3.5cm，其余 1cm。里料衣片：前后裙片里

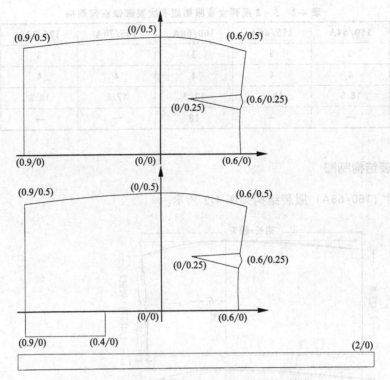

▲图 4-3　女西服裙面料衣片关键点放码档差（单位：cm）

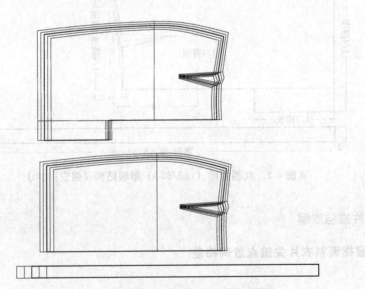

▲图 4-4　女西服裙面料衣片点放码网状图

料（长：衬裙长＋折边，围度：根据面料板每边＋0.2cm）。

2. 辅助材料使用部位

腰头无纺衬，上拉练无纺衬 [1.5cm 宽×18cm（拉练长度）两根]。

3. 缝制工艺

前后衣身腰省正面均倒向中缝，背面倒向侧缝；腰里使用里料，腰头里襟搭头长 5cm，锁眼钉备扣；裙身使用半截裙里至开衩处，裙里下摆折光缉线宽1.5cm；腰头、后中拉链门襟处用黏合衬。

（六）服装样板绘制

该款服装生产样板有：面料、里料、辅料、工艺样板。

1. 面料样板

见图4-5。

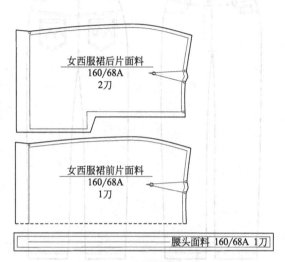

▲图4-5 女西服裙面料样板

2. 里料样板辅料及其他样板

见图4-6。

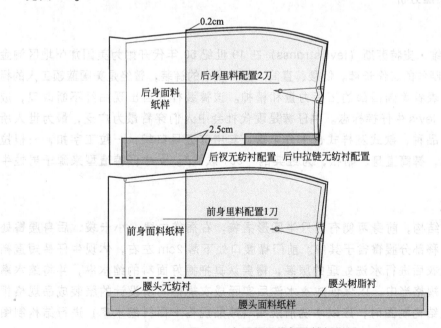

▲图4-6 女西服裙里料及辅料样板

3. 工艺样板

包括腰头净样板，后中拉链缉线样板。

二、女牛仔裤

女牛仔裤款式见图 4-7。

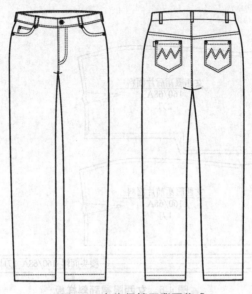

▲图 4-7　女牛仔裤正背面款式

（一）款式造型分析

1. 造型风格

牛仔裤为李维·史特劳斯（levi stranss）在 19 世纪 50 年代开始为美国加州地区淘金热时期的矿工们制作的工作长裤。低腰、直筒，腰臀瘦小的裤装，曾经是美国蓝领工人的标志性穿着，它代表着美国西部的拓荒力量和精神。该裤装样式自出现后经不断改良，成为世界著名正宗 levis 牛仔裤标志。牛仔裤是现代社会中人们穿着最为广泛，最为世人所熟知的一款服装品种，款式及样式也十分丰富，其中有五只口袋，一粒工字扣，一根拉链，腰臀裆合体，裤筒直身、略松，为经典的"501 款式"。女牛仔裤造型来源于男性牛仔裤样式。

2. 结构特点

裤装类基本结构，前身两侧有两只半圆形插袋，右插袋内置一小卡袋，后身腰臀处有横向分割，转移部分腰臀省于其中。前门襟腰口处下落 2cm 左右，体现牛仔裤短直裆的特点。这类成衣后进行水洗处理的服装，需要认真把握好面料的缩水率，并将缩水率加入到服装成品规格当中，以保证成衣水洗后实际成衣规格同所设计的服装成品规格相一致。因此，在结构制图时，应以水洗前规格（成品规格＋面料缩水率）进行结构制图与样板制作。

(二) 成衣规格设计

5·2系列 (160/68A)——女牛仔裤成衣各部位系列规格设计见表4-3、表4-4。

表4-3 5·2系列女牛仔裤成衣主要部位系列规格 单位:cm

部位	150/64A	155/66A	160/68A	165/70A	170/72A	档差
裤长	91	93	**96**	99	102	3
腰围	66	68	**70**	72	74	2
直裆	24.8	25.4	**26**	26.6	27.2	0.6
臀围	92	94	**96**	98	100	2
脚口围	38	39	**40**	41	42	1

表4-4 5·2系列女牛仔裤成衣次要部位系列规格 单位:cm

部位	150/64A	155/66A	160/68A	165/70A	170/72A	档差
腰宽			3.5			—
插袋宽/大	11.4/6	11.7/6	**12/6**	12.3/6	12.6/6	0.3
后袋口/底	13.4/10.4	13.7/10.7	**14/11**	14.3/11.3	14.6/11.6	0.3
后袋高	13.4	13.7	**14**	14.3	14.6	0.3
门襟缉线长/宽	16/4	16.5/4	**17/4**	17.5/4	18/4	0.5
脚口招边			2.5			—

(三) 服装结构制图

女牛仔裤 (160/68A) 服装结构见图4-8, 注:以水洗前规格进行结构制图。

(四) 衣片推档放缩

1. 女牛仔裤面料衣片关键点放码档差

见图4-9。

2. 女牛仔裤面料衣片点放码网状图

见图4-10。

(五) 成衣工艺分析

1. 面料衣片缝份

裤片后拼接缝、上下裆缝为外包缝,缝份为1.3cm,脚口折边2.5cm,其余1cm。后贴袋袋口缝份2.5cm,其余1.5cm。

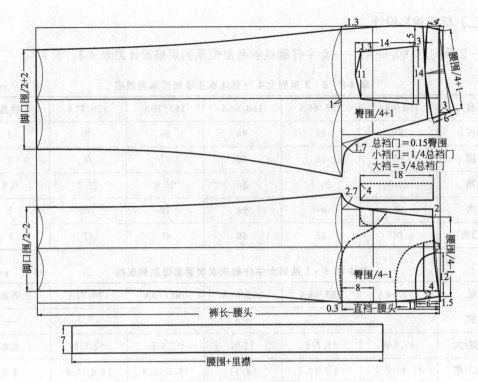

▲图4-8 女牛仔裤（160/68A）服装结构（单位：cm）

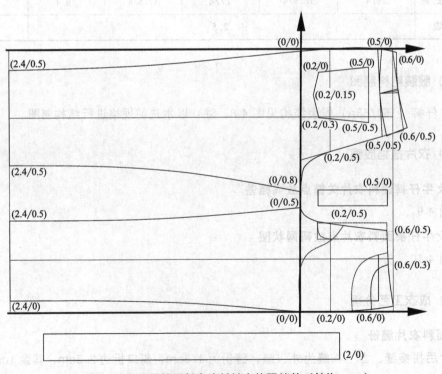

▲图4-9 女牛仔裤面料衣片关键点放码档差（单位：cm）

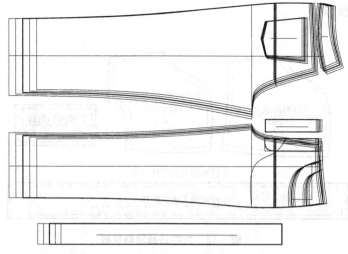

▲图 4-10　女牛仔裤面料衣片点放码网状图

2. 辅助材料使用部位

门里襟、腰头用无纺衬，袋布用全棉布，1 根拉链，1 粒工字型纽扣，铆钉 10 副。

3. 制作工艺

前插袋袋布宽至门襟，拷边工艺。裤片后拼接缝、上下裆缝为外包缝，辑 0.1cm×0.8cm 双止口线。接缝为平缝工艺，倒向后身。5 根马王带从后裆缝开始平分腰围，脚口辑线宽 1.5cm。成衣后进行水洗或石磨。

（六）服装样板绘制

该款服装生产样板有：面料、辅料、工艺样板。

1. 面料样板

见图 4-11。

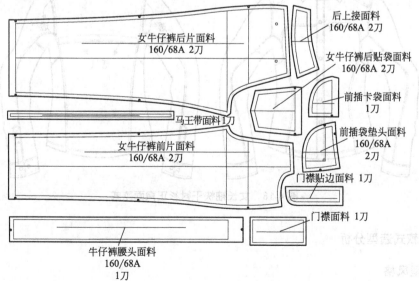

女牛仔裤后片面料
160/68A 2刀

后上接面料
160/68A 2刀

女牛仔裤后贴袋面料
160/68A 2刀

前插卡袋面料
1刀

马王带面料1刀

女牛仔裤前片面料
160/68A 2刀

前插袋垫头面料
160/68A
2刀

门襟贴边面料 1刀

门襟面料 1刀

牛仔裤腰头面料
160/68A
1刀

▲图 4-11　女牛仔裤面料样板

2. 辅料及其他样板

见图 4-12。

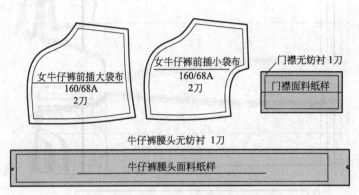

▲图 4-12　女牛仔裤辅料样板

3. 工艺样板

腰头净板及裤裆位置样板，后贴袋净样板，门襟缉线样板。

第二节　女上装工业制板

一、女衬衫

女长袖快干衬衫款式如图 4-13 所示。

▲图 4-13　女长袖快干衬衫正背面款式

（一）款式造型分析

1. 造型风格

合体型长袖女衬衫，收腰身，整体较修身。前身有弧形分割线并具体积感，衣身能够较好体现女性身材。衣袖为三片弯身袖结构，袖口为典型男衬衫袖口样式，内置袖吊袢，可自由调节袖长。U型立翻领同前身弧形分割相呼应，后背设计有透气结构。衬衫整体修身、合体且极具时尚风味，属户外女衬衫时尚化的代表。适合长短线徒步、远足、商旅出行以及春秋季日常穿着。

2. 结构特点

本款服装衣袖同衣身局部在腋下拼合构成侧腋片，极具体积感。前身左右衣片有呈凹腰型分割，在视觉上体现收腰效果；前衣身的浮余量通过门襟分割线和袖窿处分割线转省方法消除（门襟转省1cm），并得到相应的胸部体积，达到本款的造型效果，这也是本款服装结构特点之一。右胸分割线处加装拉链胸袋，后背处设计有透气结构；三片弯身袖结构，需进行二次结构设计，才能成型。本款结构独特，值得其他服装借鉴。推档时，由于衣片分片较多，应先以整体衣片考虑，再进行量的分配，保持各分量之和等于总量；此外，对于二次或多次结构设计后所构成的衣片推档，同样进行各分量归总后，再进行整体考虑或调整，使推档所构成的图形达到"量和型"的统一。

（二）成衣规格设计

5·4系列（165/88B）——女长袖快干衬衫成衣各部位系列规格设计见表4-5、表4-6。

表4-5　5·4系列女长袖快干衬衫成衣主要部位系列规格　　　　单位：cm

部　位	155/80B	160/84B	165/88B	170/92B	175/96B	档　差
后中长	59.5	61.5	63.5	65.5	67.5	2
前中长	53	55	57	59	61	2
胸围	9	94	98	102	106	4
腰围(腋下17.5)	80	84	88	92	96	4
下摆围	92	96	100	104	108	4
上领围	38	39	40	41	42	1
下领围	43.5	44.5	45.5	46.5	47.5	1
袖长(肩点至袖口)	57	58.8	60	61.2	62.4	1.5
肩宽	38	38.5	40	41.5	43	1
袖窿深(直量)	35.5	35.9	37.5	39.1	40.7	0.6
袖口围	22	23.5	24.5	25.5	26.5	1
领宽	15.7	16.1	16.5	16.9	17.3	0.4
前领深	8.1	8.3	8.5	8.7	8.9	0.2
后领深	1.6	1.7	1.8	1.9	2.0	0.1

表4-6　5·4系列女长袖快干衬衫成衣次要部位系列规格　　　　单位：cm

部　位	155/80B	160/84B	165/88B	170/92B	175/96B	档　差
门里襟宽	2.5	2.5	2.5	2.5	2.5	—
底领宽	2.5	2.5	2.5	2.5	2.5	—
翻领宽	5	5	5	5	5	—
领尖长	6.5	6.5	6.5	6.5	6.5	—

续表

部　位	155/80B	160/84B	165/88B	170/92B	175/96B	档　差
防晒领高	2.2	2.2	2.2	2.2	2.2	—
下摆缉线宽	1	1	1	1	1	—
内袖襻长/宽	19×1.8	20×1.8	21×1.8	22×1.8	23×1.8	1
袖口宽	5	5	5	5	5	—
袖叉长/宽	15×1.8	15.5×1.8	16×1.8	16.5×1.8	17×1.8	0.5

(三) 服装结构制图

女长袖快干衬衫 (165/88B) 服装结构图如图 4-14 所示。

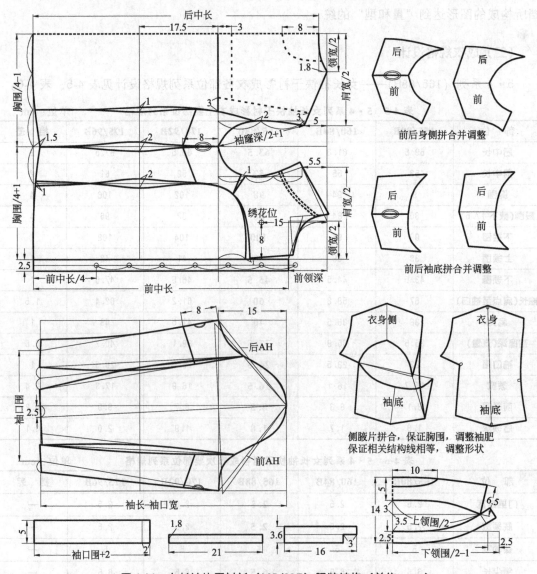

▲ 图 4-14　女长袖快干衬衫 (165/88B) 服装结构 (单位：cm)

（四）衣片推档放缩

1. 女长袖快干衬衫面料衣片关键点放码档差

见图 4-15。

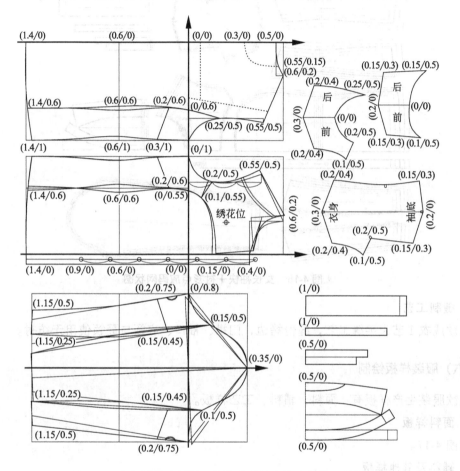

▲图 4-15 女长袖快干衬衫面料衣片关键点放码档差（单位：cm）

2. 女长袖快干衬衫点放码网状图

见图 4-16。

（五）成衣工艺分析

1. 面料衣片缝份

本款面料衣片缝份加放 1.2cm，下摆缝份加放 2cm；衣领、门里襟、袖口加放 1.5cm。

2. 辅助材料使用

后身背部使用网银透气材料，右前身拉链胸袋使用网银袋布，翻领面与底领面、门里襟和袖口面使用无纺衬。

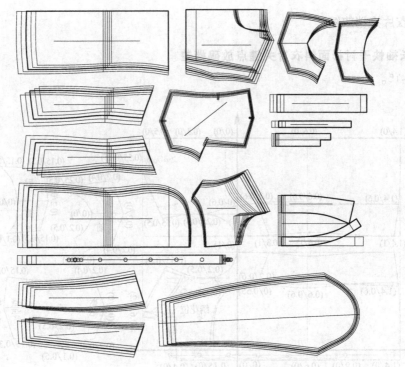

▲ 图 4-16　女长袖快干衬衫点放码网状图

3. 缝制工艺

本款成衣工艺为平缝工艺，缝份拷边，门襟、袖口、底领与翻领使用无纺衬。

（六）服装样板绘制

该款服装生产样板有：面料、辅料、工艺样板。

1. 面料样板

见图 4-17。

2. 辅料及其他样板

见图 4-18。

3. 工艺样板

门里襟净板及锁眼钉扣位板，翻底领净板，袖口净板，前肩缉线样板。

二、女套装茄克

女套装茄克款式图如图 4-19 所示。

（一）款式造型分析

1. 造型风格

翻领 T 形女茄克，衣长较短，在臀围线附近，腰部略收，前片上部有育克设计并伴有 T

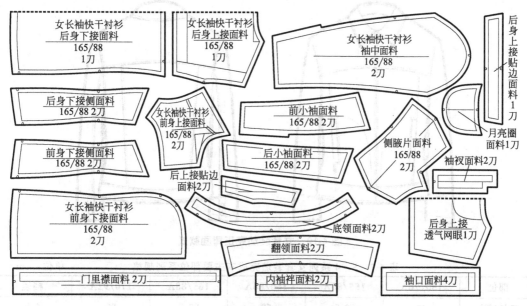

▲图4-17 女款长袖快干衬衫面料样板

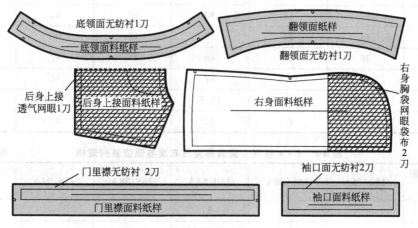

▲图4-18 女款长袖快干衬衫辅料样板

型线分割，衣身下部两个破缝袋，门襟为拉链型开合设计，下摆有摆围；后片有育克及T形线分割组合，袖子为适体两片袖结构，袖长较长，至虎口处，袖口处有袖克幅设计。服装整体风格较为合体，造型简洁，休闲时尚。

2. 结构特点

四分胸围结构，两片弯身袖，前后身均有T形分割，类似于经典牛仔茄克样式。前身浮余量由T形分割线中消除，一片式翻领，门襟以拉链开合。T形分割是本款服装结构特点之一。

(二) 成衣规格设计

5·4系列（160/84A）——女套装茄克成衣各部位系列规格设计见表4-7、表4-8。

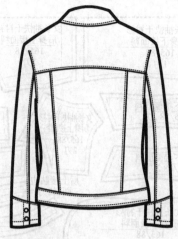

▲图 4-19　女套装茄克正背面款式

表 4-7　5·4 系列女套装茄克成衣主要部位系列规格　　　　单位：cm

部位	150/76A	155/80A	160/84A	165/88A	170/92A	档差
衣长(后)	49	50.5	52	53.5	55	1.5
胸围	90	94	98	102	106	4
腰围	82	86	90	94	98	4
摆围	86	90	94	98	102	4
肩宽	38	39	40	41	42	1
袖长	54	55.5	57	58.5	60	1.5
袖口 1/2	12.5	13	13.5	14	14.5	0.5
领围	40	41	42	43	44	1

表 4-8　5·4 系列女套装茄克成衣次要部位系列规格　　　　单位：cm

部位＼规格	150/76A	155/80A	160/84A	165/88A	170/92A	档差
领高	—	—	5	—	—	—
袖口宽	—	—	8	—	—	—
下摆宽	—	—	5	—	—	—
插袋大	12	12.5	13	13.5	14	0.5
插袋宽	—	—	1.5	—	—	—

（三）服装结构制图

女套装茄克（160/84A）服装结构如图 4-20 所示。

（四）衣片推档放缩

1. 女套装茄克面料衣片关键点放码档差

见图 4-21。

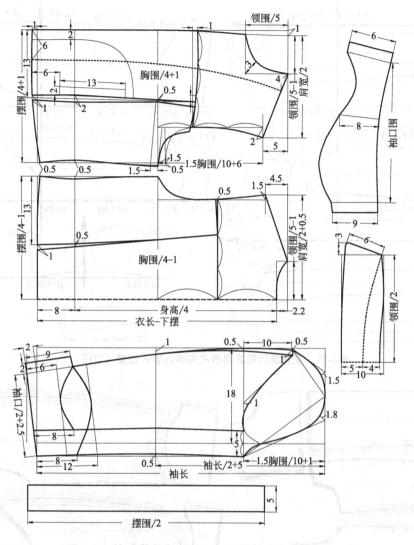

▲图4-20 女套装茄克（160/84A）服装结构（单位：cm）

2. 女套装茄克面料衣片点放码网状图

见图4-22。

（五）成衣工艺分析

1. 面里料衣片缝份

本款面料衣片缝份加放1.2cm，下摆缝份加放2cm；衣领、门里襟、袖口加放1.5cm。

2. 辅助材料使用

包括领面、下摆面、袖克幅面、插袋嵌线无纺衬。

3. 缝制工艺

本款成衣工艺为平缝工艺，缝份拷边，门襟、袖口、底领与翻领使用无纺衬。

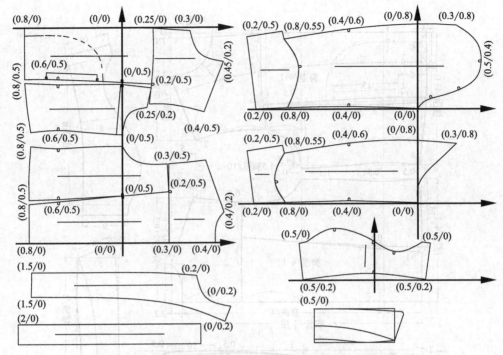

▲图 4-21　女套装茄克面料衣片关键点放码档差（单位：cm）

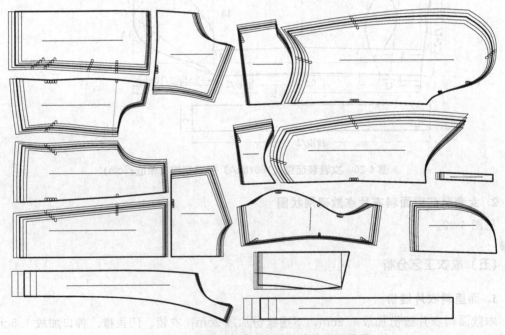

▲图 4-22　女套装茄克面料衣片点放码网状图

(六) 服装样板绘制

该款服装生产样板有：面料、辅料、工艺样板。

1. 面料样板

见图 4-23。

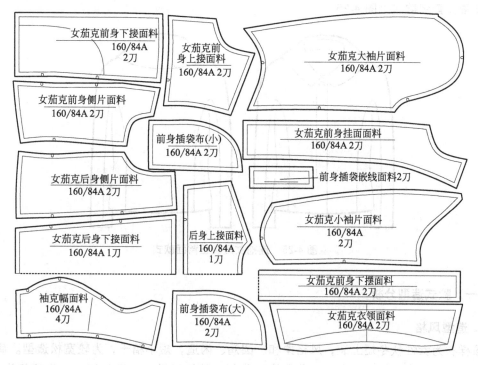

▲图 4-23　女套装茄克面料样板

2. 辅料及其他样板

见图 4-24。

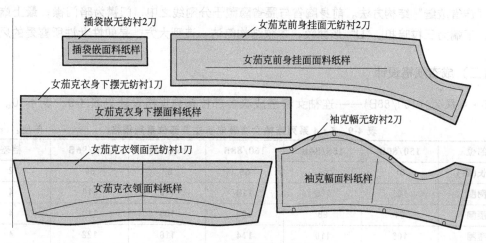

▲图 4-24　女套装茄克辅料样板

3. 工艺样板

翻领净板，下摆缉线净板，插袋缉线样板。

三、连袖女套装

连袖女套装款式见图 4-25。

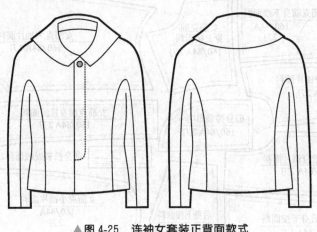

▲图 4-25　连袖女套装正背面款式

(一) 款式造型分析

1. 造型风格

该样衣为女性秋冬短上装，风格柔和、圆润、闲适，短小精干，为较宽松造型。肩部造型自然，前后衣身与袖身均有"小公主线"分割，前门开襟，以纽扣闭合，为暗门襟结构；一片式翻领，且翻折线成"U"形，总体来看，该样衣的结构特点明显，属较宽松款型。

2. 结构特点

连袖结构，衣身为"小公主线"分割，同袖身分割相连，构成整体连身袖分割结构，属典型的"连省成缝"结构方法。前身胸省与腰省隐藏于分割线之中，门襟为暗门襟，最上端一粒明扣，下端为三粒暗扣。"U"形翻领，本款结构简洁，造型大方，是知性女性所喜爱的风格。

(二) 成衣规格设计

5·4系列 (160/88B)——连袖女套装成衣各部位系列规格设计见表 4-9、表 4-10。

表4-9　5·4系列连袖女套装成衣主要部位系列规格　　　　单位：cm

部位	150/80B	155/84B	160/88B	165/92B	170/96B	档差
衣长(后)	61	63	**65**	67	69	2
胸围	102	106	**110**	114	118	4
腰围	94	98	**102**	106	110	4
腹围	106	110	**114**	118	122	4
领围	43	44	**45**	46	47	1
袖长(后中)	79	81	**83**	85	87	2
袖口/2	04	14.5	**15**	15.5	16	0.5

表 4-10　5·4 系列连袖女套装成衣次要部位系列规格　　　　　单位：cm

部位	150/80B	155/84B	160/88B	165/92B	170/96B	档差
翻领宽	6	6	6	6	6	—
底领宽	4	4	4	4	4	—
搭门宽	4	4	4	4	4	—
翻领/口领	9/4.5	9/4.5	9/4.5	9/4.5	9/4.5	—

（三）服装结构制图

连袖女套装（160/88B）服装结构如图 4-26 所示。

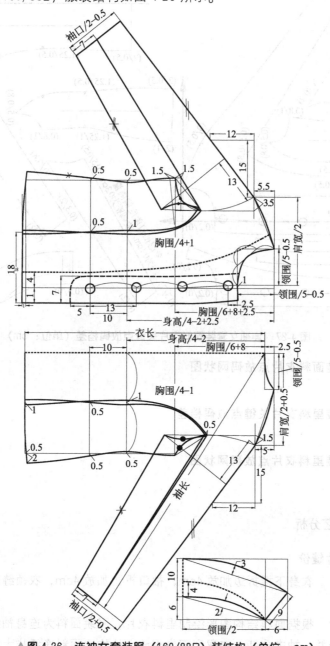

▲ 图 4-26　连袖女套装服（160/88B）装结构（单位：cm）

（四）衣片推档放缩

1. 连袖女套装面料衣片关键点放码档差

见图 4-27。

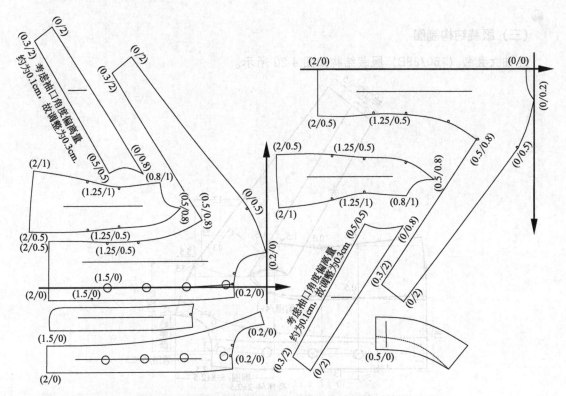

▲图 4-27　连袖女套装面料衣片关键点放码档差（单位：cm）

2. 连袖女套装面料衣片点放码网状图

见图 4-28。

3. 连袖女套装里料衣片关键点放码档差

见图 4-29。

4. 连袖女套装里料衣片点放码网状图

见图 4-30。

（五）成衣工艺分析

1. 面里料衣片缝份

（1）面料衣片　衣身下摆折边加放 4cm，袖口折边加放 4cm，衣领缝份加放 1.5cm，其余加放 1cm。

（2）里料衣片　根据面料结构图形绘制里料衣片，服装面料为连身袖结构，里料使用圆身袖结构，侧缝合并，袖中分开；与宽度部位相缝合处均比面料净纸样大出 1.2cm，挂面处

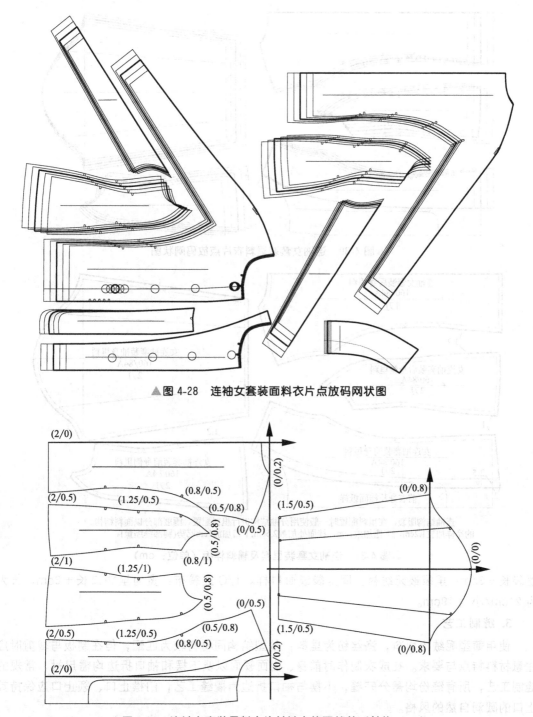

▲ 图 4-28　连袖女套装面料衣片点放码网状图

▲ 图 4-29　连袖女套装里料衣片关键点放码档差（单位：cm）

出1.5cm，下摆/袖口至面料样板的折边处（也可比其长出1cm），前身里门襟处长出面料折边1cm（里料胸部的吃势），其他部位常规处理。里料配置如图 4-31 所示。

2. 辅助材料使用

前身有纺衬，前身挂面有纺衬，翻领面/里有纺衬。里袋开袋无纺衬：宽为 3cm，长为

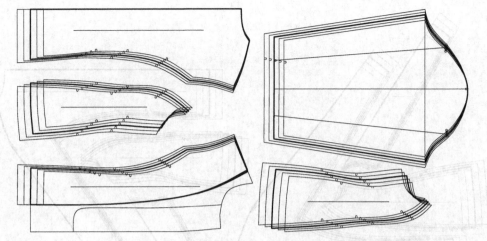

▲图 4-30　连袖女套装里料衣片点放码网状图

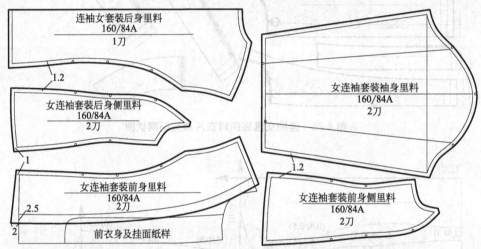

连袖结构服装，在里料配置时一般使用分袖结构进行里料配置。围度部分以面料结构的净样加放1.2cm，下摆加放1cm，挂面处加放2.5cm，下口加放1cm吃势（胸部缝缩量）。

▲图 4-31　连袖女套装里料及辅料样板（单位：cm）

里袋长＋3cm；里袋嵌无纺衬：同里袋嵌面料样。T/C里袋布：宽为里袋口长＋3cm，长大为 21cm/小为 19cm。

3. 缝制工艺

使用薄型呢绒为面料，涤丝纺为里料；款型结构同材料较为匹配，但在制板与裁剪时应注意材料特点与要求。在成衣制作时前身、挂面领面以及下摆和袖口折边均需用衬，常规的缝制工艺，所有缝份均需分开缝，下摆与袖口折边为撬缝工艺，门襟止口、领止口应保持其止口的圆润自然的风格。

（六）服装样板绘制

该款式生产样板有：面料、里料（略）、辅料、工艺样板。

1. 面料样板

见图 4-32。

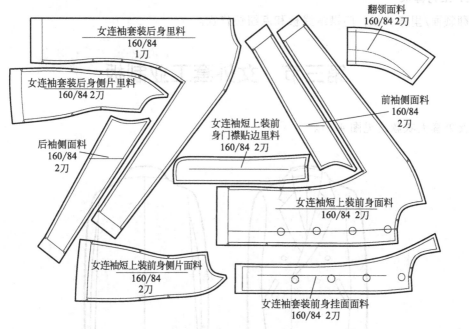

翻领面料
160/84 2刀

女连袖套装后身里料
160/84
1刀

女连袖套装后身侧片里料
160/84 2刀

前袖侧面料
160/84
2刀

后袖侧面料
160/84
2刀

女连袖短上装前身门襟贴边里料
160/84 2刀

女连袖短上装前身面料
160/84 2刀

女连袖短上装前身侧片面料
160/84
2刀

女连袖套装前身挂面面料
160/84 2刀

▲图 4-32　连袖女套装面料样板

2. 辅料及其他样板

见图 4-33。

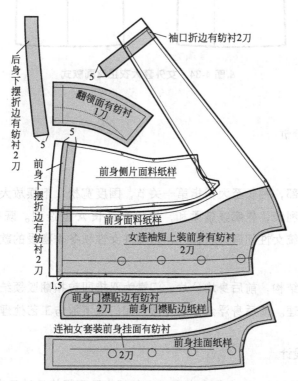

袖口折边有纺衬2刀

后身下摆折边有纺衬2刀

翻领面有纺衬
1刀

前身侧片面料纸样

前身下摆折边有纺衬2刀

前身面料纸样

女连袖短上装前身有纺衬
2刀

前身门襟贴边有纺衬
2刀　前身门襟贴边纸样

连袖女套装前身挂面有纺衬
2刀　前身挂面纸样

▲图 4-33　连袖女套装辅料样板

3. 工艺样板

翻领面/里净样板，门襟缉线板和点纽位样板。

第三节　女外套工业制板

女外套大衣款式见图 4-34。

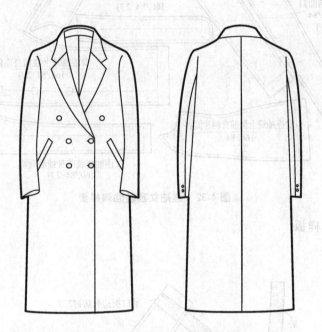

▲图 4-34　女外套大衣正背面款式

（一）款式造型分析

1. 造型风格

衣长至小腿中下部，袖长至大拇指第一关节，围度宽松，下摆放大；双排十字领，两片弯身袖，造型简洁、利索，轮廓线条柔和，属松身修长 A 型造型。既有闲适风格，又不失严谨本质，为经典传统女性问题大衣样式，是知性女性秋冬季喜爱的款式之一。

2. 结构特点

典型的四分围度结构，前后身均分片，门襟为双排四粒扣翻驳领结构，两片弯身袖，整体结构简洁、大方合理。前后身浮余量通过撇门和门襟下放与工艺处理等方法消除。

（二）成衣规格设计

5·4系列（160/84A）——女外套大衣成衣各部位系列规格设计见表 4-11、表 4-12。

80

表4-11　5·4系列女外套大衣成衣主要部位系列规格　　　　　　　单位：cm

部位	150/76A	155/80A	160/84A	165/88A	170/92A	档差
衣长（后）	104	107	110	113	116	3
胸围	106	110	114	118	122	4
摆围	125	129	134	139	144	5
袖长	57	58.5	60	61.5	63	1.5
袖口/2	14	14.5	15	15.5	16	0.5

表4-12　5·4系列女外套大衣成衣次要部位系列规格　　　　　　　单位：cm

部位	150/76A	155/80A	160/84A	165/88A	170/92A	档差
翻/底领宽	5/3	5/3	5/3	5/3	5/3	—
驳头宽	8.6	8.8	9	9.2	9.4	0.2
搭门宽	7	7	7	7	7	—
翻/驳领嘴	4/4.5	4/4.5	4/4.5	4/4.5	4/4.5	—
插袋大	2.5×14	2.5×14.5	2.5×15	2.5×15.5	2.5×16	0.5

（三）服装结构制图

女外套大衣（160/84A）服装结构如图4-35所示。

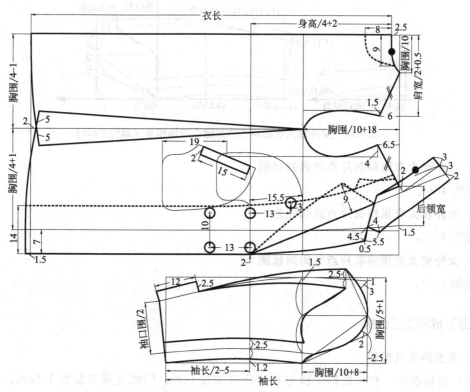

▲ 图4-35　女外套大衣（160/84A）服装结构（单位：cm）

（四）衣片推档放缩

1. 女外套大衣面料衣片关键点放码档差

见图 4-36。

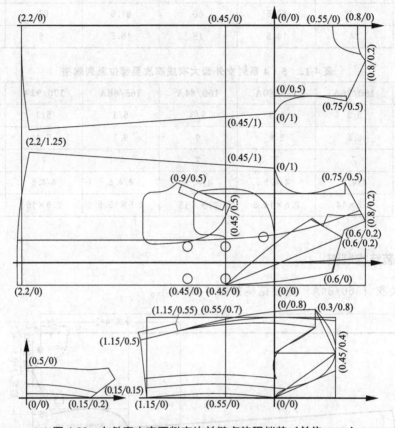

▲图 4-36　女外套大衣面料衣片关键点放码档差（单位：cm）

2. 女外套大衣面料衣片点放码网状图

见图 4-37。

3. 女外套大衣里料衣片点放码档差

见图 4-38。

4. 女外套大衣里料衣片点放码网状图

见图 4-39。

（五）成衣工艺分析

1. 面里料衣片缝份

（1）面料衣片　衣身面料下摆与袖口折边加放 5cm，门襟及领口加放 1.5cm，其余加放 1cm。

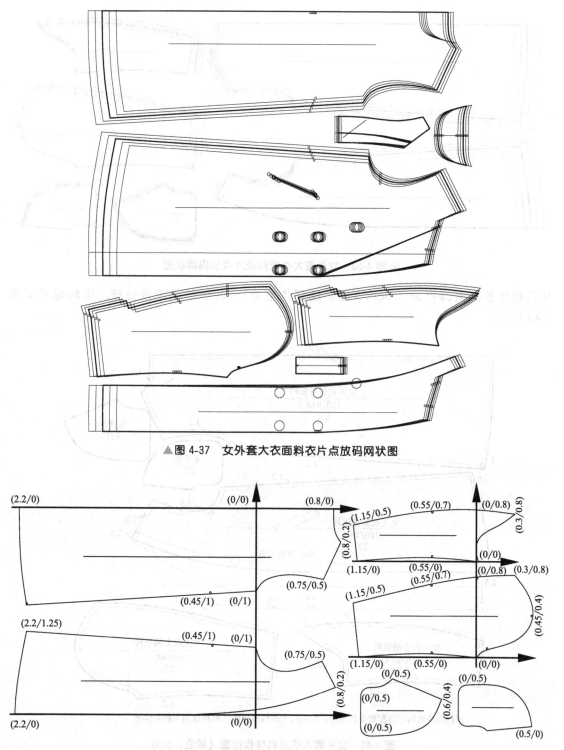

▲图 4-37　女外套大衣面料衣片点放码网状图

▲图 4-38　女外套大衣里料衣片点放码档差（单位：cm）

（2）里料衣片　根据面料结构图形绘制里料样板，与宽度部位相缝合处均比面料净纸样大出 1.2cm，挂面处出 1.5cm，下摆/袖口至面料样板的折边处（也可比其长出 1cm），前身

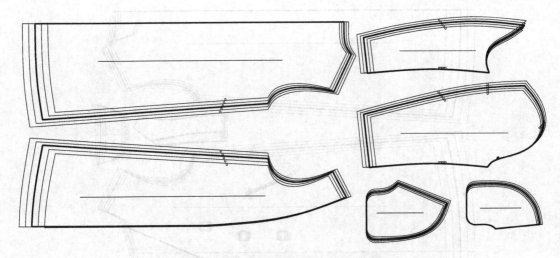

▲ 图 4-39 女外套大衣里料衣片点放码网状图

里门襟处长出面料折边 1.5cm（里料胸部的吃势），其他部位常规处理。里料配置如图 4-40 所示。

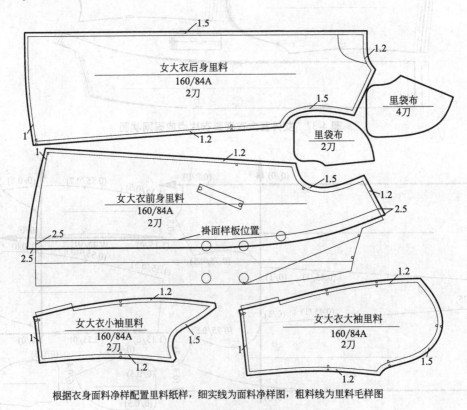

根据衣身面料净样配置里料纸样，细实线为面料净样图，粗料线为里料毛样图

▲ 图 4-40 女外套大衣里料样板配置（单位：cm）

2. 辅助材料使用

前身有纺衬，前身挂面有纺衬，翻领面/里有纺衬，袖口及衣身下摆折边有纺衬。插袋

开袋及嵌线无纺衬，里袋开袋无纺衬：宽为 3cm，长为里袋长＋3cm；里袋嵌无纺衬：同里袋嵌面料样。T/C 里袋布和插袋袋布：里袋布宽为里袋口长＋3cm，长大为 21cm/小为19cm，插袋袋布为插袋口大＋3cm，深度为插袋口中至袋底的 20cm。

3. 缝制工艺

一般使用毛呢为面料，涤丝纺里料；款型结构同材料较为匹配，但在制板与裁剪时应注意材料特点与要求。样衣在成衣制作时前身、挂面领面以及下摆和袖口折边均需用衬，常规的缝制工艺，所有缝份均需分开缝，下摆与袖口折边为撬缝工艺，门襟止口、领止口应保持其止口的圆润自然的风格。

（六）服装样板绘制

该款式生产样板有：面料、里料、辅料、工艺样板。

1. 面料样板

见图 4-41。

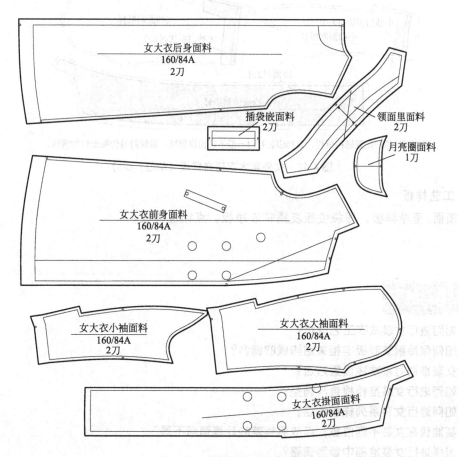

▲图 4-41　女外套大衣面料样板

2. 辅料及其他样板

见图 4-42。

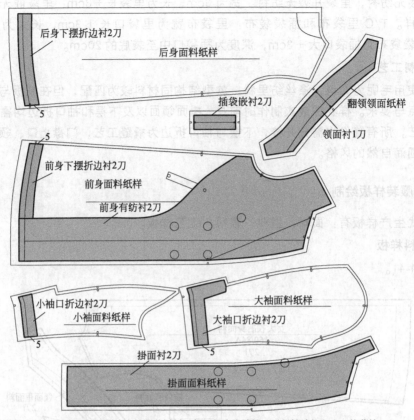

后身下摆折边衬2刀

后身面料纸样

插袋嵌衬2刀

翻领领面纸样

领面衬1刀

5

前身下摆折边衬2刀

前身面料纸样

前身有纺衬2刀

5

小袖口折边衬2刀

小袖面料纸样

大袖面料纸样

大袖口折边衬2刀

挂面衬2刀

5

挂面面料纸样

根据面料纸样配置辅料纸样，高档服装衬料一般不超出净缝线，以保持缝份和止口的薄软。

▲图4-42　女外套大衣辅料样板（单位：cm）

3. 工艺样板

翻领面/里净样板，插袋位板及插袋嵌净板，点钮位样板。

思考与练习

1. 如何进行女装成衣工艺分析？
2. 如何保持服装制板中相关结构线的吻合？
3. 女装推档时基准线设置方法？
4. 如何进行女装推档检查与调整？
5. 如何进行女装系列样板绘制？
6. 基准线在女装不同位置，点放码档差的计算有何不同？
7. 怎样进行女装推档中量型调整？
8. 有里料服装，衣里如何推档，衣里同面料有何关系？

第五章　男装工业制板实例

学习目标

　　了解男装结构与工艺特点，掌握男装不同款型工业制板方法，学会男装款型系列工业样板制作。

第一节　男下装工业制板

一、男休闲短裤

男休闲短裤款式见图 5-1。

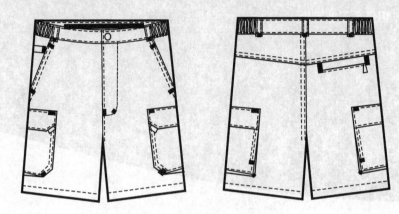

▲图 5-1　男休闲短裤正背面款式

(一) 款式造型分析

1. 造型风格

方型造型，宽松肥大，长至膝围线以下，拥有众多的口袋是其特点之一，尤其是两侧的立体口袋最能够体现十足的闲适风格。

2. 结构特点

典型的短裤结构。根据服装部位名称与规格，具有浓烈的外贸短裤结构风格。前后浪长度、腿围、坐位等规格，相互关联，互为制约，因此准确把握前直裆的长度是本款服装结构设计的关键。此外，这类成衣后一般均进行水洗处理的服装，在结构制图时，应以水洗前规格（成品规格＋面料缩水率）进行结构制图与样板制作。

(二) 成衣规格设计

5·2 系列 (175/76)——男休闲短裤成衣各部位系列规格设计见表 5-1、表 5-2。

表 5-1　5·2 系列男休闲短裤成衣主要部位规格　　　　单位：cm

部　位	165/72	170/74	175/76	180/78	185/80	档差
1/2 腰围(松量)	38	39	**40**	41	42	1
1/2 腰围(拉量)	43	44	**45**	46	47	1
1/2 坐围	54	55	**56**	57	58	1

续表

部 位	165/72	170/74	175/76	180/78	185/80	档差
前浪含腰	25	26.6	**27.3**	28	28.7	0.7
后浪含腰	38.1	39.4	**40.7**	42	43.3	1.3
1/2 腿围	31	32	**33.0**	34	35	1
外长含腰	47	48.5	**50**	51.5	53	1.5
1/2 脚口	27.5	28	**28.5**	29	29.5	0.5

表5-2 5·2系列男休闲短裤成衣次要部位规格   单位：cm

部 位	165/72	170/74	175/76	180/78	185/80	档差
腰宽			**3.5**			—
插袋宽/大	3/15	3/15.5	**3/16**	3/16.5	3/17	0.5
后袋宽/大	1/13	1/13.5	**1/14**	1/14.5	1/15	0.5
门襟辑线长/宽	16/3.5	16.5/3.5	**17/3.5**	17.5/3.5	18/3.5	0.5
腿袋长/宽	17/16	17.5/16.5	**18/17**	18.8/17.5	19/18	0.5/0.5
腿袋盖长/宽	7/18	7/18.5	**7/19**	7/19.5	7/20	0.5
马王带长			**4.5/2**			—
松紧长/宽	12.5/3.5	13.5/3.5	**14.5/3.5**	15.5/3.5	16.5/3.5	1
脚口招边			**3.5**			—

（三）服装结构制图

男休闲短裤（175/76）服装结构图见图5-2，注：以水洗前规格进行结构制图。

（四）衣片推档放缩

1. 男休闲短裤面料衣片关键点放码档差

见图5-3。

2. 男休闲短裤面料衣片点放码网状图

见图5-4。

（五）成衣工艺分析

1. 面料衣片缝份

后裆中缝缝份1.5cm，下摆折边3.5cm，其余1cm。

2. 辅助材料使用

腰头两侧用3.5cm松紧，腰头、门里襟、后挖袋及嵌线用无纺衬，两根拉链，一粒纽扣和贴袋盖的魔术贴，袋布用全棉布。

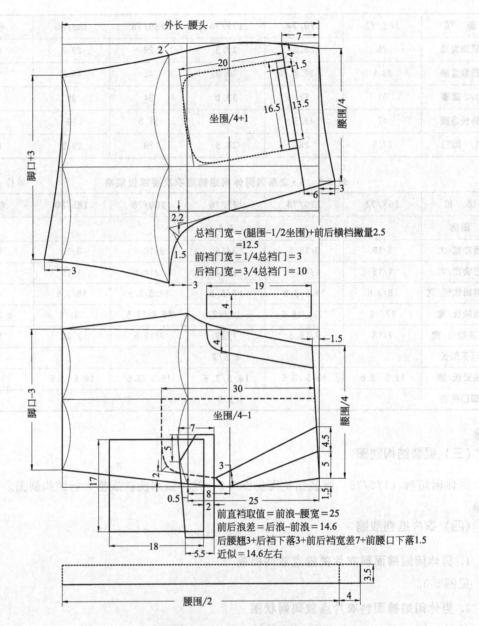

▲图 5-2　男休闲短裤（175/76）服装结构（单位：cm）

3. 缝制工艺

　　通常选用全棉织物，有平纹帆布、斜纹卡其等。简做裤装工艺。全棉织物制作的服装，成衣后一般需进行水洗处理，因此要认真把握好面料的缩水率，并将缩水率加入到服装成品规格当中，以保证成衣水洗后实际成衣规格同所设计的服装成品规格相一致。前裤片有两只插袋，袋布拷边，后裤片左身在拼腰节前挖一只单嵌线口袋，袋布拷边。前后片拼合后，两侧装钉立体贴袋。腰头于侧缝两侧用松紧，7根马王带等分排列。脚口折光，辑线2.5cm。用衬部位：门/里襟、后袋嵌线、开袋衬。成衣后进行水洗。

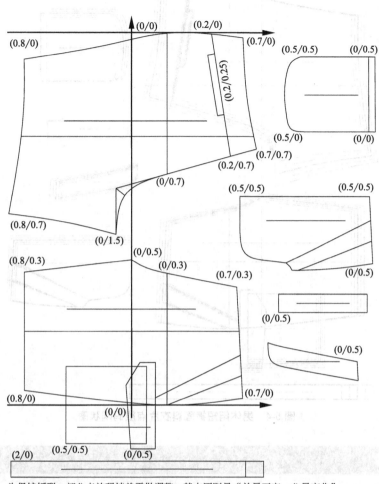

为保持板型，部分点放码档差需做调整，基本原则是"总量不变，分量变化"。
腰围与坐围档差：前片取0.3，后片取0.7，总量1不变
腿围档差：前片取0.5，后片取1.5，总量2不变
脚口围档差：前片取0.3，后片取0.7，总量1不变
通过对推档部位测量，前、后量弧长的增加量同档差要求一致，档差取值确当

▲图5-3　男休闲短裤面料衣片关键点放码档差（单位：cm）

（六）服装样板绘制

该款服装生产样板有：面料、袋布、辅料、工艺样板。

1. 面料样板

见图5-5。

2. 袋布样板及辅料样板

见图5-6。

3. 工艺样板

腰头净板及裤衶位置样板，腿袋净样板，门襟缉线样板。

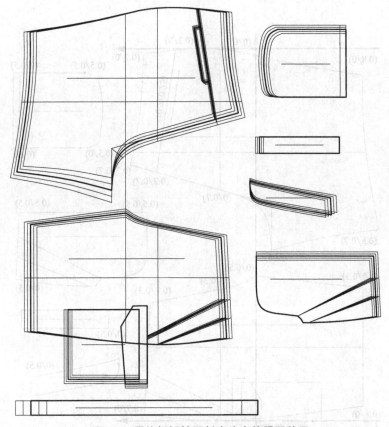

▲图 5-4　男休闲短裤面料衣片点放码网状图

二、男西裤

男西裤款式见图 5-7。

（一）款式造型分析

1. 造型风格

现代男性西裤的雏形产生于 18 世纪欧洲的法国大革命时期，由革命中的第三等级（当时被蔑视为"无套裤汉"和"长裤汉"）的平民率先穿着而成，后经不断演变至 19 世纪中期首先在英国同男性其他服装一样，形成现代西裤的样式；直至 20 世纪初，伴随现代男装格局的产生而一起成形，其后虽历经两次世界大战及国际社会的风云变幻，但其基本样式一直未发生根本改变，只是派生出不同造型风格的裤装而已。男西裤属较贴体型裤装类，为男性礼仪型服装类别，一般同正装配套穿用。西装裤是男性裤装的基本造型，体现了长裤类的基本特征，众多裤装类款式造型均能以"基本型"进行变化，具有广泛的代表性和普遍性。其廓形一般为筒状"H形"造型，前身设两只褶裥（反褶），倒向侧缝；斜插袋，后身有两只双嵌线的后戗袋，造型简练大方，为男性经典裤型且穿用十分广泛。

2. 结构特点

男西裤结构亦为裤装类具有广泛代表性的裤装结构，对其他裤型有参考作用。采用四分结构

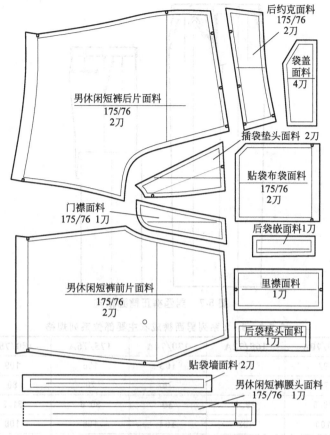

后约克面料
175/76
2刀

袋盖
面料
4刀

男休闲短裤后片面料
175/76
2刀

插袋垫头面料 2刀

贴袋布袋面料
175/76
2刀

门襟面料
175/76 1刀

后袋嵌面料1刀

里襟面料
1刀

男休闲短裤前片面料
175/76
2刀

后袋垫头面料
1刀

贴袋墙面料2刀

男休闲短裤腰头面料
175/76 1刀

▲图 5-5　男休闲短裤面料样板

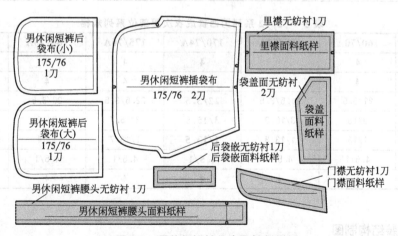

里襟无纺衬1刀

里襟面料纸样

男休闲短裤后
袋布(小)
175/76
1刀

男休闲短裤插袋布
175/76 2刀

袋盖面无纺衬
2刀

袋盖
面料
纸样

男休闲短裤后
袋布(大)
175/76
1刀

后袋嵌无纺衬1刀
后袋嵌面料纸样

门襟无纺衬1刀
门襟面料纸样

男休闲短裤腰头无纺衬 1刀

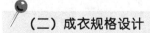
男休闲短裤腰头面料纸样

▲图 5-6　男休闲短裤袋布及辅料样板

设计方法，由前后各两个裤片构成。横裆、中裆、脚口是影响造型与结构的三大部位。其中横裆位置相当重要，向上关系到上裆的深浅，向下影响到下裆高低，其宽度大小则影响裤型和松紧关系。

(二) 成衣规格设计

5·2系列 (170/74A)——男西裤成衣各部位系列规格设计见表 5-3、表 5-4。

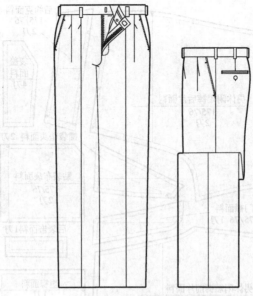

▲图 5-7　男西裤正背面款式

表 5-3　5·2 系列男西裤成衣主要部位系列规格　　　　　　　　单位：cm

部位	160/70A	165/72A	170/74A	175/76A	180/78A	档差
裤长	97	100	**103**	106	109	3
腰围	72	74	**76**	78	80	2
直裆	28.8	29.4	**30**	30.6	31.2	0.6
臀围	100	102	**104**	106	108	2
脚口/2	23	23.5	**24**	24.5	25	0.5

表 5-4　5·2 系列男西裤成衣次要部位系列规格　　　　　　　　单位：cm

部位	160/70A	165/72A	170/74A	175/76A	180/78A	档差
腰宽	4	4	**4**	4	4	—
门里襟	4	4	**4**	4	4	—
门襟辑线长/宽	21/3.5	21.5/3.5	**22/3.5**	22.5/3.5	23/3.5	0.5
插袋口宽/大	3/15	3/15.3	**3/15.5**	3/15.7	3/16	0.25
后袋宽/长	1/13	1/13.3	**1/13.5**	1/13.7	1/14	0.25
裤袢带/长宽	4.5/1	4.5/1	**4.5/1**	4.5/1	4.5/1	—
脚口招边	4	4	**4**	4	4	—

（三）服装结构制图

男西裤（170/74A）服装结构如图 5-8 所示。

（四）衣片推档放缩

1. 男西裤面料衣片关键点放码档差 1、2

见图 5-9、图 5-10。

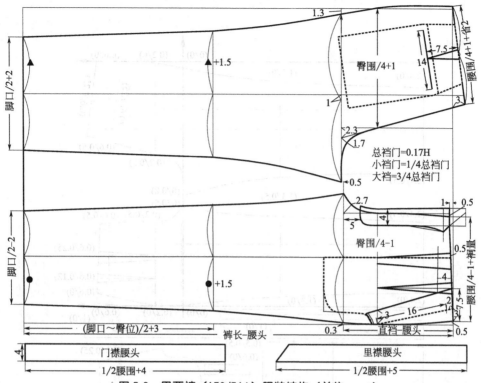

▲图 5-8　男西裤（170/74A）服装结构（单位：cm）

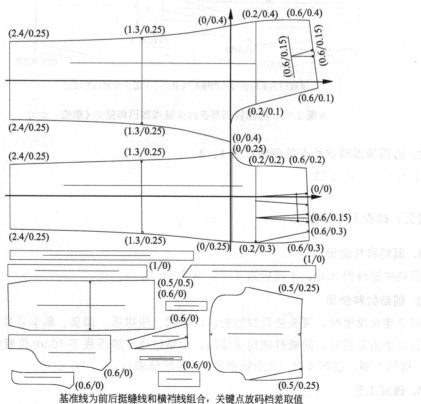

基准线为前后挺缝线和横裆线组合，关键点放码档差取值

▲图 5-9　男西裤面料衣片关键点放码档差1（单位：cm）

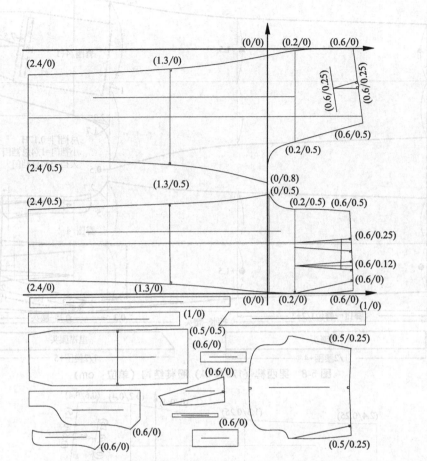

基准线为前后侧缝线和横裆线组合，关键点放码档差取值

▲图 5-10 男西裤面料衣片关键点放码档差 2（单位：cm）

2. 男西裤面料衣片点放码网状图 1、2

见图 5-11、图 5-12。

（五）成衣工艺分析

1. 面料衣片缝份

后裆中缝缝份 3cm，下摆折边 4cm，其余 1cm。

2. 辅助材料使用

腰里使用腰里衬，腰头使用树脂衬，门里襟、里襟布、腰头、斜插袋袋口、后戗袋开袋位、嵌线使用无纺衬，前裤身使用裤膝绸，由腰口线至膝围线下 10cm 位置剪裁，门襟拉链 1 根，裤钩 1 副，袋布 4 片（2 个斜插袋、2 各后戗袋）。

3. 缝制工艺

男西裤一般同上装用料相一致（套装），选择精纺毛织物较多，采用精做西裤工艺，腰

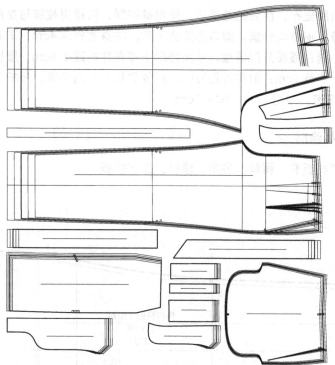

基准线为前后挺缝线和横裆线组合，关键点放码"一图全档"网状图

▲图 5-11 男西裤面料衣片点放码网状图 1

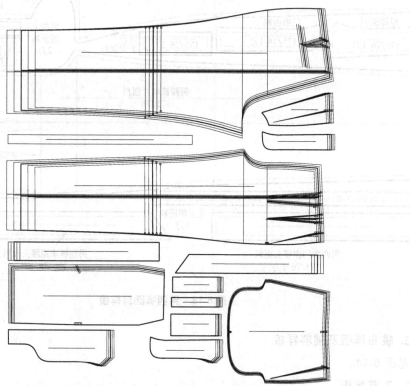

基准线为前后侧缝线和横裆线组合，关键点放码"一图全档"网状图

▲图 5-12 男西裤面料衣片点放码网状图 2

头用树脂衬与专用腰里布，前后裆缝滚边，使用裤膝绸，门襟用拉链与专用裤钩，里襟用纽扣闭合。上下裆缝及侧缝均分缝，脚口为撬边工艺。前身收裥深4cm，正面倒向侧缝，后身收省正面倒向后中缝；腰面分门里襟，腰头包门里襟布并折进2.5cm，腰里用腰里衬，里襟布包小裆缝并过十字缝3cm；前裤片用膝绸，后戗袋袋布一端顶腰，插袋与后戗袋用来去缝工艺；7～8根马王带，净宽1cm、长4.5cm。

(六) 服装样板绘制

该款服装生产样板有：面料、袋布、辅料、工艺样板。

1. 面料样板

见图5-13。

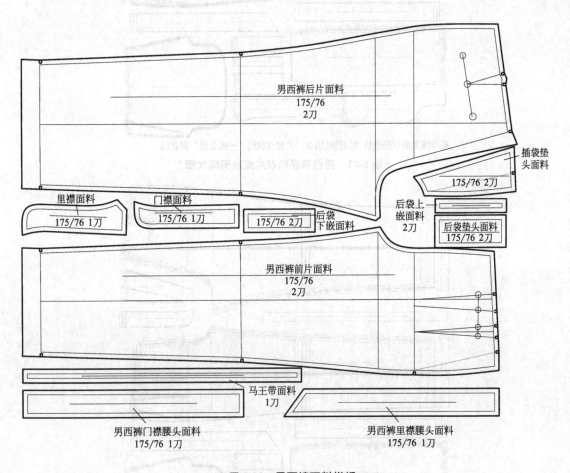

▲图5-13　男西裤面料样板

2. 袋布样板及辅料样板

见图5-14。

3. 工艺样板

腰头净样及裤裥位置样板，门襟缉线样板，后戗袋定位及开袋样板。

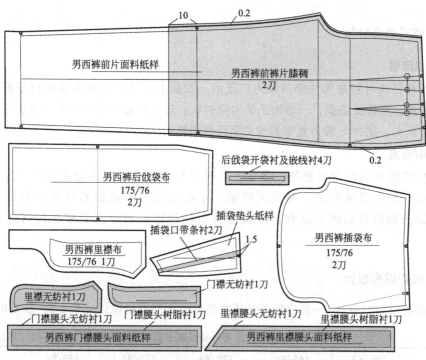

10　　　0.2

男西裤前片面料纸样

男西裤前裤片膝稠
2刀

0.2

男西裤后戗袋布
175/76
2刀

后戗袋开袋衬及嵌线衬4刀

插袋垫头纸样

男西裤里襟布
175/76 1刀

插袋口带条衬2刀

1.5

门襟无纺衬1刀

男西裤插袋布
175/76
2刀

里襟无纺衬1刀

门襟腰头无纺衬1刀　　门襟腰头树脂衬1刀　　里襟腰头无纺衬1刀　　里襟腰头树脂衬1刀

男西裤门襟腰头面料纸样　　　　男西裤里襟腰头面料纸样

▲ 图 5-14　男西裤袋布及辅料样板（单位：cm）

第二节　男上装工业制板

一 男衬衫

男日常衬衫款式见图 5-15。

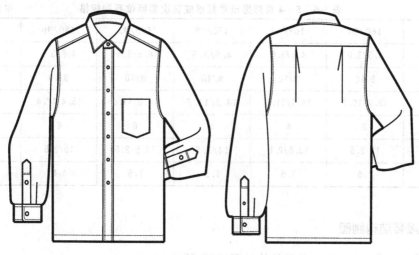

▲ 图 5-15　男日常衬衫正背面款式

（一）款式造型分析

1．造型风格

男性长袖日常衬衫是男性穿用最为广泛的一款服装，可同任意服装进行搭配。硬领风格，H形衣身，宽松式造型，一般为正装内穿衬衣。短袖衬衫造型同长袖一致，不同之处在于袖子长短区分，短袖一般为夏季男性主要正装服饰。

2．结构特点

长袖衬衫基本为硬型立翻领，平摆，肩覆势与前后身，加装袖克夫的一片直身袖构成，左胸有一只方形胸贴袋，袖克夫和装大小袖衩的衬衫是最有代表性的男装衬衫经典样式。四分胸围与肩覆势结构，对其他类型衬衫结构设计及男装结构有绝对的影响作用。

（二）成衣规格设计

5·4系列（170/88）——男日常衬衫成衣各部位系列规格设计见表5-5、表5-6。

表5-5　5·4系列男日常衬衫成衣主要部位系列规格　　　　　　　单位：cm

部位	160/80	165/84	170/88	175/92	180/96	档差
衣长（后中）	68	70	72	74	76	2
胸围	102	106	110	114	118	4
下摆	102	106	110	114	118	4
肩宽	45.6	46.8	48	49.2	50.4	1.2
袖长	55	56.5	58	59.5	61	1.5
领围	37	38	39	40	41	1
袖口	20.4	21.2	22	22.8	23.6	0.8

表5-6　5·4系列男日常衬衫成衣次要部位系列规格　　　　　　　单位：cm

部位	160/80	165/84	170/88	175/92	180/96	档差
领宽翻/底	4.5/3.5	4.5/3.5	4.5/3.5	4.5/3.5	4.5/3.5	—
领口/间距	8/10	8/10	8/10	8/10	8/10	—
胸袋长/宽	13.7/10.7	14.1/11.1	14.5/11.5	14.9/11.9	15.4/12.4	0.4
袖克夫	6	6	6	6	6	—
衩长/宽	13/2.5	13.5/2.5	14/2.5	14.5/2.5	15/2.5	0.5
底边	1.5	1.5	1.5	1.5	1.5	—

（三）服装结构制图

男日常衬衫（170/74A）服装结构如图5-16所示。

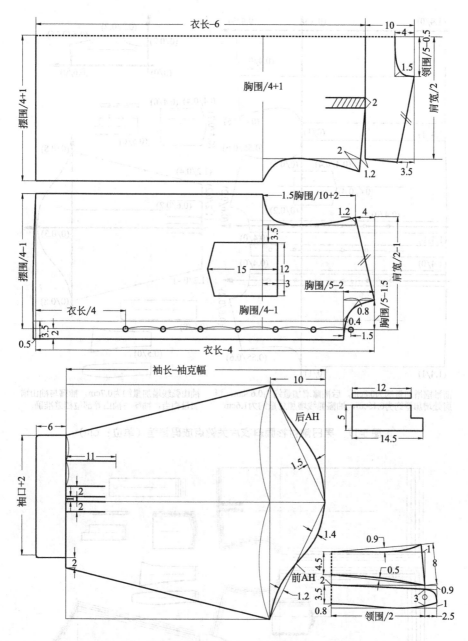

▲图5-16　男日常衬衫（170/74A）服装结构（单位：cm）

（四）衣片推档放缩

1. 男日常衬衫面料衣片关键点放码档差

见图5-17。

2. 男日常衬衫面料衣片点放码网状图

见图5-18。

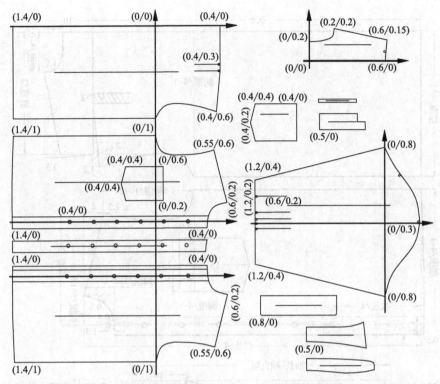

前袖窿增加量约为0.8cm，后袖窿增加量约为0.65cm，覆肩处增加量约为0.15cm，袖窿弧线增加总量约为1.6cm　袖山弧线增加量约为0.7cm，袖窿与袖山增加量相当，袖窿与袖山等部位档差准确。

▲图 5-17　男日常衬衫面料衣片关键点放码档差（单位：cm）

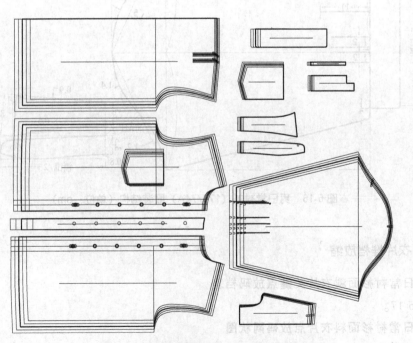

▲图 5-18　男日常衬衫面料衣片点放码网状图

（五）成衣工艺分析

1. 面料衣片缝份

前身门里襟缝份应根据成衣要求进行设计，领口缝份0.8cm，用样板修正，胸袋袋口折边3cm，下摆折边2.5cm，其余1cm。

2. 辅助材料使用

翻/底领面无纺衬、翻领角无纺衬、门襟无纺衬、袖克幅面无纺衬，树脂衬用于底领和翻领、门襟条、袖克幅，纽扣（长袖为11粒分别用于门襟、袖克幅、袖衩，短袖为7粒用于门襟），领角衬和塑料插片用于翻领领角。

3. 缝制工艺

男性衬衫面料选用广泛，色彩相对自由，工艺分硬领和软领，硬领工艺主要在翻领、门襟袖克夫加硬挺的树脂衬，翻领领角增加领角衬和塑料插片，使领型硬挺成型，后续整烫与包装也较为复杂。软领则相对简单，按正常缝制工艺进行。前身门襟按成衣不同效果分解，后背褶正面倒向袖笼，袖口褶正面倒向袖底缝。翻、底领、袖克幅、胸袋、大袖衩、门里襟需用工艺板。

（六）服装样板绘制

该款式生产样板有：面料、辅料、工艺样板。

1. 面料样板

见图5-19。

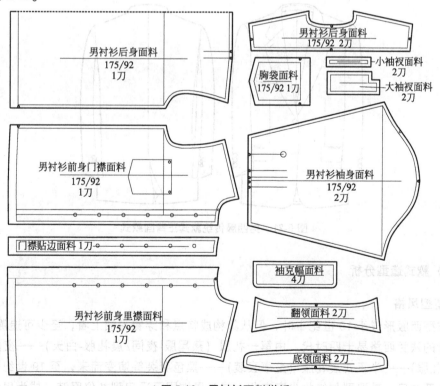

▲图5-19　男衬衫面料样板

2. 袋布样板及辅料样板

见图5-20。

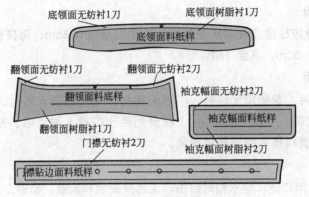

▲图5-20　男衬衫袋布及辅料样板

3. 工艺样板

翻/底领划净样，胸袋划修净样，袖衩划烫净样，袖克幅划烫净样，锁眼/钉扣时所用点眼位样板。

二、男西服

男西服传统款式见图5-21、内视见图5-22。

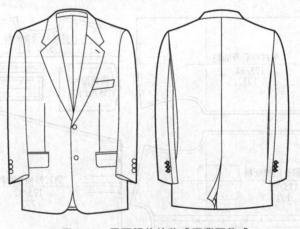

▲图5-21　男西服传统款式正背面款式

(一) 款式造型分析

1. 造型风格

传统型西服形成于19世纪中叶，但从其构成特点和穿着习惯上看，至少可追溯到17世纪后半叶的法兰西路易十四时代。由第一礼服（燕尾服-夜间/晨礼服-白天）——夜间性礼服（塔士多礼服）——半正式晨礼服（董事套装）——黑色套装等演变而来，至19世纪中叶基本成型，延至今日，其造型与结构少有变化，成为男性国际通用型礼仪服装，成为男士的日常

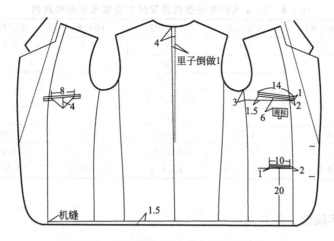

▲图 5-22　男西服传统款式内视（单位：cm）

礼服；以三件套著称（上装、西裤、马甲），有一套相应的礼仪规范要求。男士西服按钉纽扣的左右排数不同，可分为单排扣西服和双排扣西服；按照上下粒数的不同，分为一粒扣西服、两粒扣西服、三粒扣西服等；纽扣粒数与排数可以有不同的组合，如单排两粒扣西服、双排三粒扣西服等；按照驳头造型的不同，可分平驳头西服、枪驳头西服、青果领西服等。西服已成为国际通行的男士礼服。

2. 结构特点

箱式立体结构造型典范。六分胸围设计（两片前身、两片腋面、两片后身），两片弯身圆袖结构（俗称西服袖），翻驳领结构（俗称西服领），两只有袋盖的开袋和左胸手巾袋，长度在臀围线以下；其特点简洁利索，追求实用功能，能够表达着装者所特有的文化修养与精神气概。按廓型可分为 H、Y、X 形，H 形合体的自然肩型（或方形肩）配合适当的收腰和略大于胸围的下摆；X 形凹形肩或肩端微翘起的翘肩，配合明显的收腰，腰线比实际腰位提高并收紧，下摆略夸张地向外翘出；Y 形强调肩宽、背宽而在臀部和衣摆的余量收到最小限度，腰节线与 X 形相反，呈明显的降低状态。

（二）成衣规格设计

5·4 系列（175/92）——传统型男西服成衣各部位系列规格设计见表 5-7、表 5-8。

表 5-7　5·4 系列传统型男西服成衣主要部位系列规格　　　　单位：cm

部位	165/84	170/88	175/92	180/96	185/100	档差
衣长(后)	74	76	**78**	80	82	2
胸围	102	106	**110**	114	118	4
腰围	94	98	**102**	106	110	4
腹围	100	104	**108**	112	116	4
腰节	43.5	44.6	**45.5**	46.5	47.5	1
肩宽	45.8	47	**48.2**	49.4	50.6	1.2
袖长	58.5	60	**61.5**	63	64.5	1.5
袖口/2	14	14.5	**15**	15.5	16	0.5

表5-8 5·4系列传统型男西服成衣次要部位系列规格 单位：cm

部位	165/84	170/88	175/92	180/96	185/100	档差
驳头宽	8.6	8.8	9	9.2	9.4	0.2
翻领宽			4			—
底领宽			2.5			—
翻/驳领口			3.3/3.5/4.5			—
搭门宽			2.5			—
后衩宽/长	5/30	5/31	5/32	5/33	5/34	1
手巾袋长/宽	9.7/2.8	10/2.8	10.3/2.8	10.6/2.8	10.9/2.8	0.3
大袋盖长/宽	14/5.5	14.5/5.5	15/5.5	15.5/5.5	16/5.5	0.5

 （三）服装结构制图

1. 传统型男西服（175/92）服装结构

如图5-23所示。

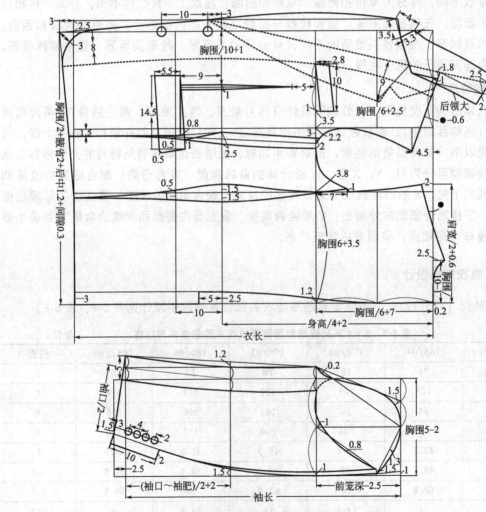

▲ **图5-23 传统型男西服（175/92）服装结构（单位：cm）**

2. 传统型男西服翻驳领结构

如图 5-24 所示。

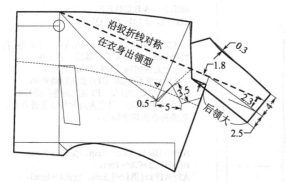

翻驳领衣身出图要点

1.领口驳折点=底领宽2/3，由肩线在领口延长线上截取。

2.翻领松量=(翻领宽−底领宽)/2+基本松量。

3.基本松量=薄料1～1.2cm，中料1.5～1.8cm，厚料2～2.5cm。

4.翻领后中线距领口驳折点距离=后横开领+1cm。

5.保持规格数据，修正翻领形状。

▲图5-24 传统型男西服翻驳领结构（单位：cm）

3. 传统型男西服翻领分底领结构处理

如图 5-25 所示。

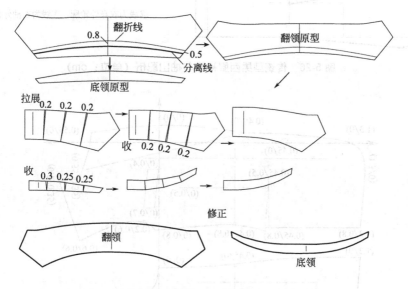

▲图5-25 传统型男西服翻领分底领结构处理（单位：cm）

4. 传统型男西服袖窿与袖山配伍

如图 5-26 所示。

（四）衣片推档放缩

1. 传统型男西服面料衣片关键点放码档差

衣身关键点放码档差如图5-27所示，衣袖关键点放码档差如图5-28所示。

2. 传统型男西服面料衣片点放码网状图

衣身点放码网状图如图5-29所示，衣袖点放码网状图如图5-30所示。

西服袖窿与袖山配伍图(毛样)

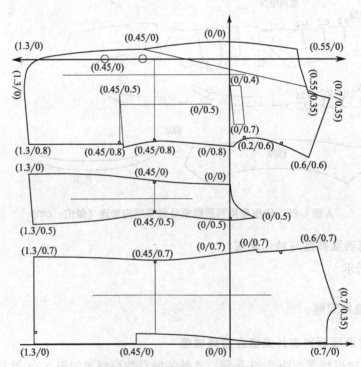

袖山吃势：男装(4~5)
　　　　　女装(3~4)

袖山点：A.B.C.D.E.F
袖窿点：A1 B1 C1 D1 E1 F1

A点为袖山中点前移1cm(前落肩小于后落肩，后移1cm，前肩大于后落肩，不变化)。
C点为大袖前袖成型线与袖山交点，
C点与袖肥线距离=C1点到胸围线距离。
B1点为A1C1的1/2，F1点为后窿深的1/2。
D1点为腋省位，E1点为刀背与后身拼合点。
其他各点为如图所示。

AB=A1B1+(男1.5~2cm，女1~1.5cm)。
BC=B1C1+0.8~1cm。
AF=A1F1+(男1~1.2cm，女0.8~1cm)。
FE=F1E1+0.5cm。

注：袖窿净缝长=袖窿毛缝长+(2.5~3cm)。
袖山弧线净缝长～袖山弧线毛缝长。
将缝制图时，保证袖山弧线净缝长=
袖窿净缝长+1~2cm。

虚线为衣身外轮廓，实线为衣袖外轮廓。

▲图 5-26　传统型男西服袖窿与袖山配伍（单位：cm）

前衣身袖窿增加量约为0.67cm，刀背袖窿增加量约为0.42cm，
后身袖窿增加量约为0.7cm，袖窿总增加量约为1.8cm。

▲图 5-27　传统型男西服衣身关键点放码档差（单位：cm）

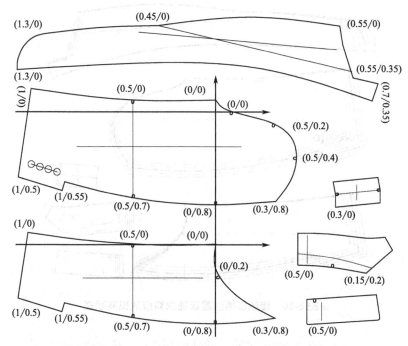

大袖袖山弧线增加量约为1.14cm，小袖袖山弧线增加量约为0.8cm，
袖山总增加量约为1.9cm，袖隆与袖山增加量相当，部位档差准确。

▲ 图 5-28　传统型男西服衣袖关键点放码档差（单位：cm）

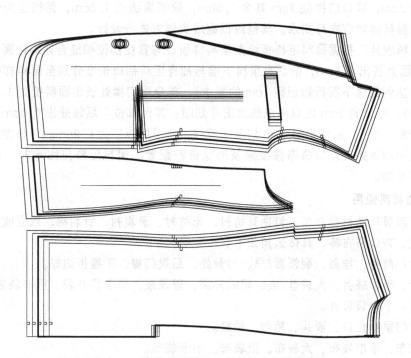

▲ 图 5-29　传统型男西服衣身面料点放码网状图

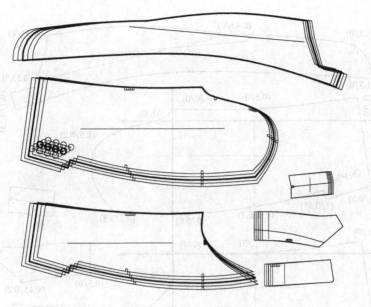

▲图 5-30　传统型男西服衣袖面料点放码网状图

（五）成衣工艺分析

1. 面里料衣片缝份

（1）面料衣片　前身门襟及领口处缝份 1.5cm，下摆折边 4cm，后中缝缝份 1.5cm，挂面领口缝份 2cm，驳口门襟处 2cm 其余 1.5cm；翻领面缝份 1.5cm，翻领里为全净样；手巾袋与大袋盖丝缕对应衣身要求。其他应根据成衣要求进行设计。

（2）里料衣片　根据面料毛样板绘制里料样板，与宽度部位相缝合处均比面料样板大出 0.2cm，挂面处长出 2.5cm，前后身里料下摆与袖身里料袖口长度分别至面料样板的折边处长出 1cm（达到面里下摆折边相距 1cm 的要求），前身里门襟处长出面料折边 1.5cm（里料胸部的吃势），冲肩省 2cm 由肩端点处放出并划顺；其他部位：后领处出 0.5cm，袖山弧线出 1cm，袖窿处出 1，后背坐缝 1cm 划至腰节线，腰节线以下为 0.2cm。可根据服装内视图要求进行缝份加放处理，口袋布按要求及形状进行配置。里料配置见图 5-31，后身里料分袉配置见图 5-32。

2. 辅助材料使用

传统型西服辅助材料众多，包括有纺衬、无纺衬、黑炭衬、针刺棉、双面胶、纱带、纤条、领底绒、T/C 袋布等，具体运用如下。

有纺衬：前身、挂面、翻领面/里、刀背处、后袉门襟、下摆折边等。

无纺衬：手巾袋片、大袋盖/嵌、里袋开袋、里袋嵌、里卡袋开袋、里卡袋嵌。

树脂衬：手巾袋袋片。

纤条：门里襟止口、驳头、领堂、袖窿。

T/C 袋布：手巾袋布、大袋布、里袋布、小卡袋布。

领里绒：翻领里（斜丝缕）。

根据面料纸样进行里料纸样配置，面料纸样
为虚线样式，里料为实线图形

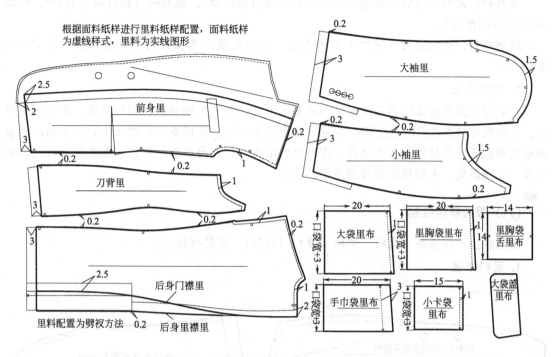

▲图 5-31 传统型男西服里料配置（单位：cm）

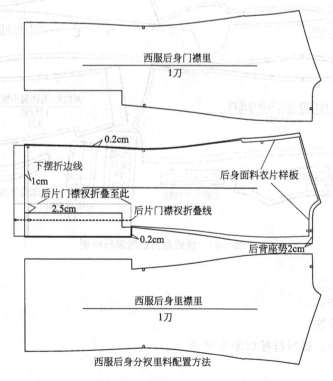

▲图 5-32 传统型男西服后身里料分衩配置（单位：cm）

黑炭衬：大胸衬（前身腰线以上——驳头线内的形状），盖肩衬（领口向下12cm，袖笼向下8cm的形状）。

针刺棉衬，比大胸衬一周大1.5cm左右，袖山衬条为黑炭衬与针刺棉衬条，长40cm，宽5cm。

3. 缝制工艺

传统型西服其整体结构采用三件套的基本形式，款式风格趋向礼服较严谨，颜色多用深色、深灰色等较稳重含蓄的色调，面料采用高支毛织物。在成衣工艺方法上，完全采用传统的精做西服工艺同现代工艺的结合，完成西服造型。前衣身各部位位置、翻底领、驳头、手巾袋、大胸袋盖、大袖衩等部位需用工艺板。

（六）服装样板绘制

该款式生产样板有：面料、里料、辅料（衬料）、工艺样板。

1. 面料样板

见图5-33。

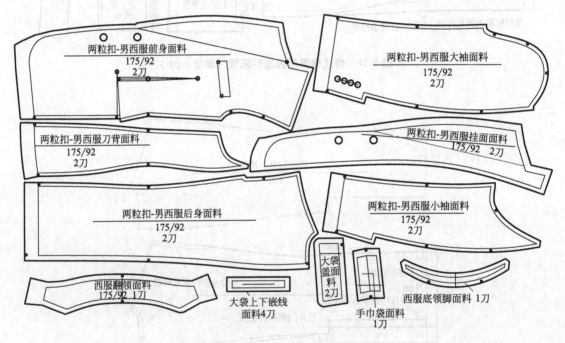

▲图5-33　传统型男西服面料样板

2. 里料样板

如图5-34所示。

3. 辅料样板配置

如图5-35所示，辅料样板如图5-36所示。

4. 工艺样板

如图5-37所示。

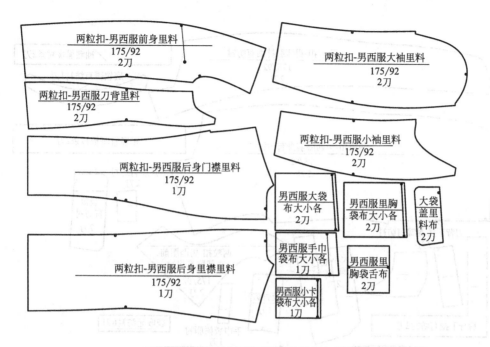

两粒扣-男西服前身里料
175/92
2刀

两粒扣-男西服大袖里料
175/92
2刀

两粒扣-男西服刀背里料
175/92
2刀

两粒扣-男西服小袖里料
175/92
2刀

两粒扣-男西服后身门襟里料
175/92
1刀

男西服大袋布大小各2刀

男西服里胸袋布大小各2刀

大袋盖里料布2刀

男西服手巾袋布大小各1刀

男西服里胸袋舌布2刀

两粒扣-男西服后身里襟里料
175/92
1刀

男西服小卡袋布大小各1刀

▲图 5-34　传统型男西服里料样板

根据面料纸样进行衬料纸样配置，面料纸样为虚线样式。实线为衬料图形

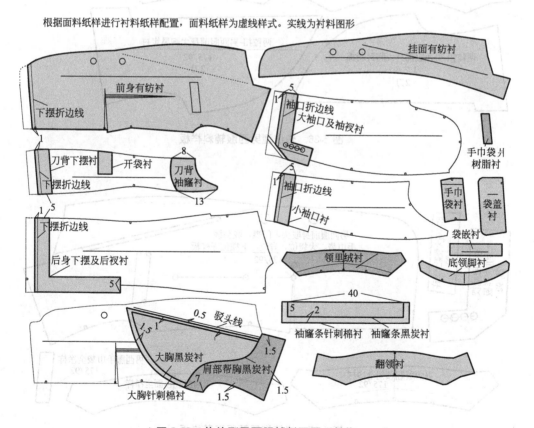

▲图 5-35　传统型男西服辅料配置（单位：cm）

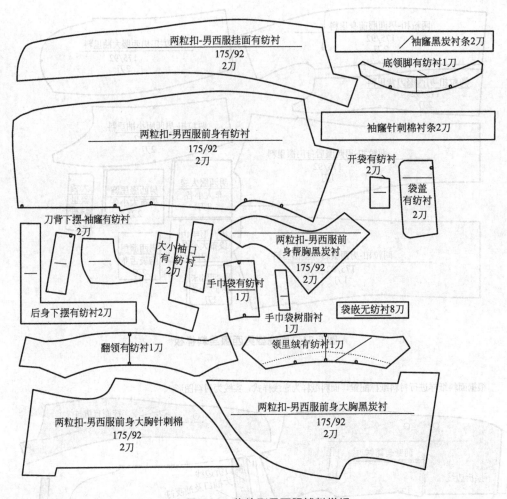

▲ 图 5-36　传统型男西服辅料样板

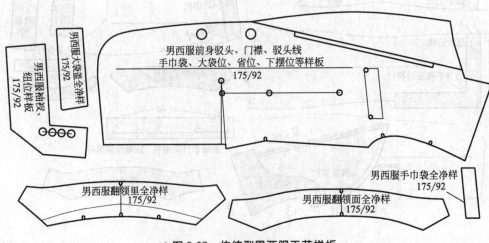

▲ 图 5-37　传统型男西服工艺样板

第三节　男外套工业制板

男大衣款式见图 5-38。

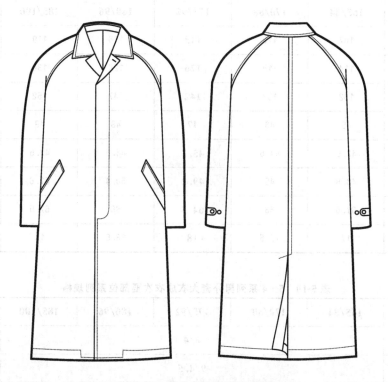

▲图 5-38　男外套大衣正背面款式

（一）款式造型分析

1. 造型风格

属便装外套范畴，在日常生活中广泛使用，可适合不同场合，如同日常西服一样成为万能外套，A 型造型。采用暗门襟和插肩袖形式，造型简练，具有穿用舒服、运动自在的特点。两用翻领也颇具特色，门襟顶端的纽孔、斜插袋的封口和袖襻都保持着原有的功能和风格。因此，被看作是一种经典的规范外套。本款外大衣套在服装搭配上很自在，主要和西装、户外服组合使用。

2. 结构特点

成衣胸围放松量约为（净围＋35cm 左右），整体采用宽松无省直线结构，运用暗门襟和插肩袖形式，能够体现男性含蓄内敛与优雅性格。该款外套常作为普通外套的标准结构，几乎可以结合任何外套的形式变通处理，由于它在结构上的放松性，礼仪上的宽泛性，往往成为流行外套设计的结构基础。

（二）成衣规格设计

5·4系列（175/92）——男外套大衣成衣各部位系列规格设计见表5-9、表5-10。

表5-9 5·4系列男外套大衣成衣主要部位系列规格 单位：cm

部位	165/84	170/88	175/92	180/96	185/100	档差
衣长(后)	107	110	**113**	116	119	3
胸围	114	118	**126**	126	130	4
摆围	132	137	**142**	147	152	5
领围	45	46	**47**	48	49	1
腰节	43.5	44.5	**45.5**	46.5	47.5	1
肩宽	46.8	48	**49.2**	50.4	51.6	1.2
袖长	61.5	63	**64.5**	66	67.5	1.5
袖口/2	17	17.5	**18**	18.5	19	0.6

表5-10 5·4系列男外套大衣成衣次要部位系列规格 单位：cm

部位	165/84	170/88	175/92	180/96	185/100	档差
翻/底领宽			6/4			—
翻领/口领			9/4.5			—
搭门宽			4			—
门襟长/宽	58.5/7	60/7	**61.5/7**	63/7	64.5/7	1.5
插袋长/宽	17.6/4.5	18/4.5	**18.4/4.5**	18.8/4.5	19.2/4.5	0.4
后衩长/宽	53.5/5	55/5	**56.5/5**	58/5	59.5/5	1.5
折边宽			5			—

（三）服装结构制图

男外套大衣（175/92）服装结构如图5-39～图5-42所示。
男外套大衣后身衣袖服装结构见图5-39。
男外套大衣前身身衣袖服装结构见图5-40。
男外套大衣前身衣领服装结构见图5-41。
男外套大衣翻领二次结构处理见图5-42。

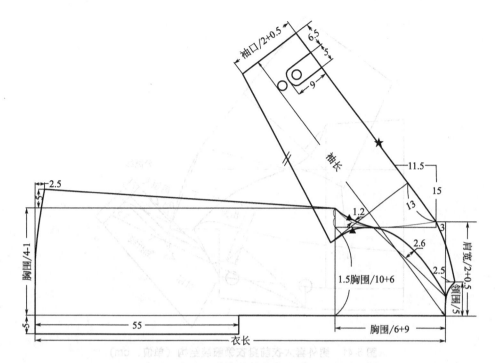

▲ **图** 5-39　**男外套大衣后身衣袖服装结构（单位：cm）**

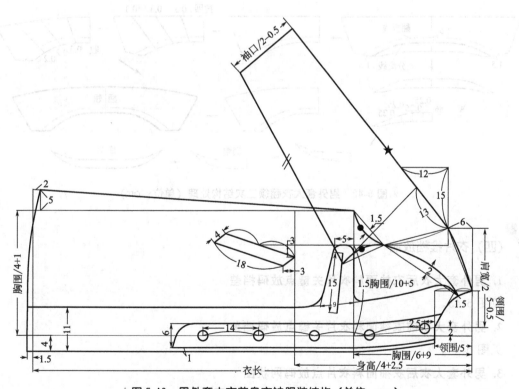

▲ **图** 5-40　**男外套大衣前身衣袖服装结构（单位：cm）**

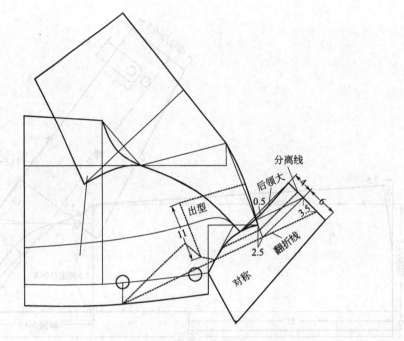

▲图 5-41　男外套大衣前身衣领服装结构（单位：cm）

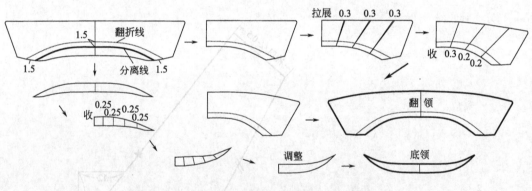

▲图 5-42　男外套大衣翻领二次结构处理（单位：cm）

（四）衣片推档放缩

1. 男外套大衣后衣袖面料衣片关键点放码档差

见图 5-43。

2. 男外套大衣前衣袖面料衣片关键点放码档差

见图 5-44。

3. 男外套大衣后衣袖面料衣片点放码网状图

见图 5-45。

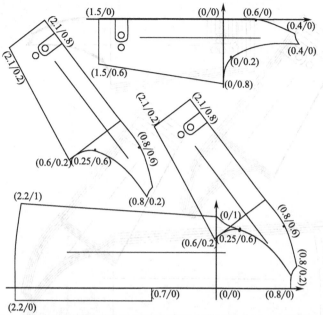

后衣身袖窿增加量约为0.5cm，后衣袖袖山增加量约为0.5cm，袖窿与袖山
增加量相当，部位档差准确。

▲ 图 5-43　男外套大衣后衣袖面料衣片关键点放码档差（单位：cm）

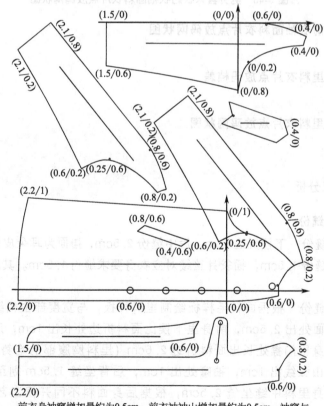

前衣身袖窿增加量约为0.5cm，前衣袖袖山增加量约为0.5cm，袖窿与
袖山增加量相当，部位档差准确。

▲ 图 5-44　男外套大衣前衣袖面料衣片关键点放码档差（单位：cm）

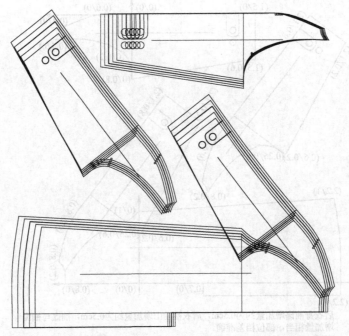

以不同组合的基准线对插肩袖进行推档，网状图效果不同，但每档样板形状基本一致。

▲图 5-45   男外套大衣后衣袖面料衣片点放码网状图

4. 男外套大衣前衣袖面料衣片点放码网状图

见图 5-46。

5. 男外套大衣里料衣片点放码档差

见图 5-47。

6. 男外套大衣里料衣片点放码网状图

见图 5-48。

📍（五）成衣工艺分析

1. 面里料衣片缝份

（1）面料衣片缝份   下摆折边 5cm，后中缝份 2.5cm，挂面为耳朵皮造型缝份 1cm，其余 1cm；翻领面里缝份 1.5cm，插袋片丝缕对应衣身要求缝份 1.5cm。其他应根据成衣要求进行设计。

（2）里料衣片缝份   根据面料毛样板绘制里料样板，与宽度部位相缝合处均比面料样板大出 0.2cm，挂面处出 2.5cm，前身里下摆比面料折边处长出 1cm，后身与袖口至面料样板的折边处，前身里门襟处长出面料折边 2.5cm（里料胸腹部的吃势）；其他部位：后领处出 0.5cm，袖山弧线出 1cm，袖窿处出 1cm，后背坐缝 1.5cm 划至腰节线，腰节线以下为 0.2cm；后身里料中缝坐缝 2.5cm，根据后身面料不同开衩工艺要求进行里料配置，口袋布按要求及形状进行配置。后身里料配置如图 5-49 所示，前身里料配置如图 5-50 所示。

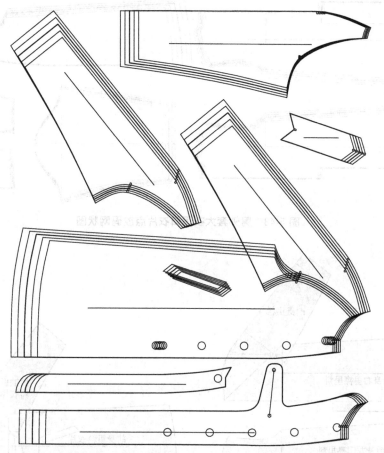

以不同组合的基准线对插肩袖进行推档，网状图效果不同，但每档样板形状基本一致。

▲ 图 5-46　男外套大衣前衣袖面料衣片点放码网状图

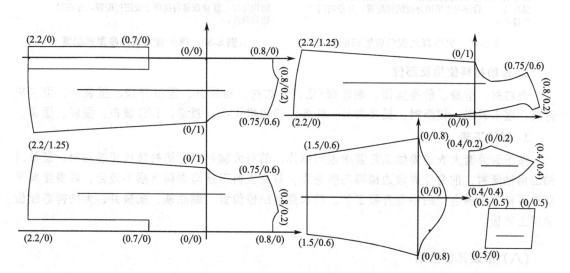

▲ 图 5-47　男外套大衣里料衣片点放码档差（单位：cm）

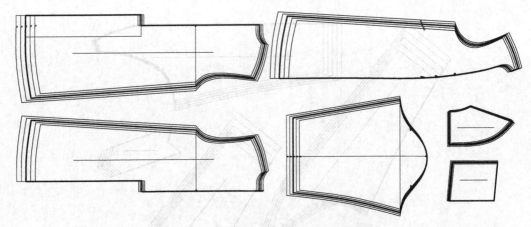

▲图 5-48　男外套大衣里料衣片点放码网状图

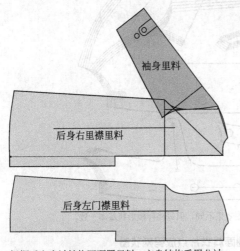

根据后衣身袖结构图配置里料，衣身结构采用分袖结构方法，后身衣里采用分衩结构配置，分左右门里襟衣片。

▲图 5-49　男外套大衣后身里料配置

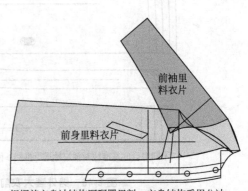

根据前衣身袖结构图配置里料，衣身结构采用分袖结构方法，前身衣里将挂面去处进行配置，左右对称为两片。

▲图 5-50　男外套大衣前身里料配置

2. 辅助材料使用及部位

有纺衬：前身、前身挂面、翻领面/里，无纺衬：插袋爿、里袋开袋、里袋嵌、里卡袋开袋、里卡袋嵌，树脂衬：插袋袋爿；纤条：门里襟止口、领堂，T/C 袋布：插袋、里袋。

3. 制作工艺

按正装外套大衣的简做工艺要求进行制作。前身大胸衬用有纺衬替代正装胸衬，装袖时袖山用袖窿衬；前身挂面滚边搭缝与前身里，前身里料下摆与面料下摆不缝合，后身里料下摆与面料下摆缝合；后中有开衩工艺。前衣身各部位位置、翻底领、插袋爿、大袖袢等部位需用工艺板。

(六) 服装样板绘制

该款式生产样板有：面料、里料、辅料、工艺样板。

1. 男外套大衣面料样板

见图 5-51。

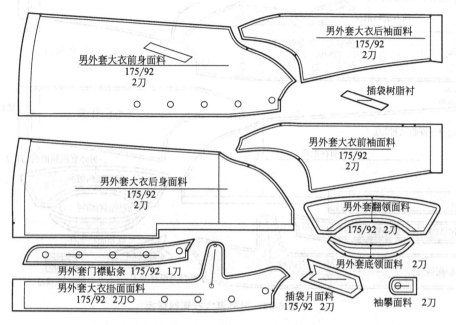

男外套大衣后袖面料
175/92
2刀

男外套大衣前身面料
175/92
2刀

插袋树脂衬

男外套大衣前袖面料
175/92
2刀

男外套大衣后身面料
175/92
2刀

男外套翻领面料
175/92　2刀

男外套底领面料　2刀

男外套门襟贴条 175/92 1刀

男外套大衣挂面面料
175/92　2刀

插袋片面料
175/92　2刀

袖攀面料　2刀

▲图 5-51　男外套大衣面料样板

2. 男外套大衣里料样板

见图 5-52。

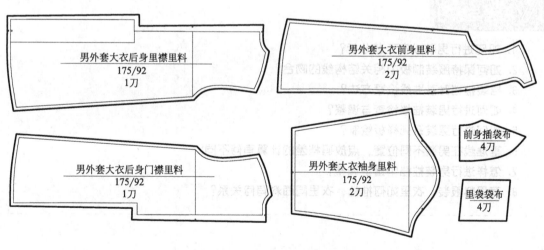

男外套大衣后身襟里料
175/92
1刀

男外套大衣前身里料
175/92
2刀

男外套大衣后身门襟里料
175/92
1刀

男外套大衣袖身里料
175/92
2刀

前身插袋布
4刀

里袋袋布
4刀

▲图 5-52　男外套大衣里料样板

3. 男外套大衣辅料及其他样板

见图 5-53。

4. 男外套大衣工艺样板

翻领净样，门襟贴条净板及缉线样板，插袋位及袋片净板。

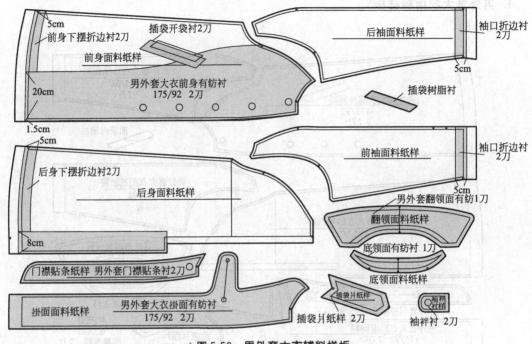

5cm
前身下摆折边衬2刀
插袋开袋衬2刀
后袖面料纸样
袖口折边衬 2刀
前身面料纸样
5cm
20cm
男外套大衣前身有纺衬 175/92 2刀
插袋树脂衬
1.5cm
5cm
后身下摆折边衬2刀
前袖面料纸样
袖口折边衬 2刀
后身面料纸样
5cm
男外套翻领面有纺1刀
翻领面料纸样
底领面有纺衬 1刀
8cm
底领面料纸样
门襟贴条纸样 男外套门襟贴条衬2刀
插袋片纸样
袖衬料
挂面面料纸样
男外套大衣挂面有纺衬 175/92 2刀
插袋片纸样 2刀
袖袢衬 2刀

▲ 图 5-53 男外套大衣辅料样板

思考与练习

1. 如何进行男装成衣工艺分析?
2. 如何保持服装制板中相关结构线的吻合?
3. 男装推档时基准线设置方法?
4. 如何进行男装推档检查与调整?
5. 如何进行男装系列样板绘制?
6. 基准线在男装不同位置,点放码档差的计算有何不同?
7. 怎样进行男装推档中量型调整?
8. 有里料服装,衣里如何推档,衣里同面料有何关系?

第六章　童装及户外服装工业制板实例

学习目标

了解童装及户外服装结构与工艺特点，掌握童装及户外服装不同款型工业制板方法，学会童装及户外服装款型系列工业样板制作。

第一节　童装工业制板

一、儿童背带裤

儿童背带裤款式见图 6-1。

▲图 6-1　儿童背带裤正背面款式

(一) 款式造型分析

1. 造型风格

儿童背带裤是童装常见的款式之一，不同时期均有不同造型。现代童装融合现代服装造型理念，使得儿童服装呈现多姿多彩的造型风格。本款儿童背带裤宽松肥大，O 形造型，颇具现代气息，体现十足的童趣。

2. 结构特点

儿童背带裤一般以胸背兜、裤身和背带三部分构成。背带为单独结构，胸背兜同裤身可进行不同组合，如分开或同裤身连成整体。本款为前胸兜同裤身分开，后身同背兜连成整体，通过前腰打褶、后身收省道的方法，使本款充满体积与空间感。裤身两侧开衩，前胸有小兜袋，兜袋上可进行儿童图案装饰。流线型造型，保持了儿童服装的本质。此外，100/53 号型规格一般适应 4 岁左右的儿童。

(二) 成衣规格设计

10·3 系列 (100/53)——儿童背带裤成衣各部位系列规格见表 6-1。

表 6-1　10·3 系列儿童背带裤成衣各部位系列规格　　　　　单位：cm

部位	80/47	90/50	100/53	110/56	120/59	档　差
裤长	46	52	58	64	70	6

续表

部位	80/47	90/50	100/53	110/56	120/59	档　差
腰围	54	57	**60**	63	66	3
坐围	82	86	**90**	94	98	4
脚口围	24	25.5	**27**	28.5	30	1.5
直裆长(胸兜下)	16	17.5	**19**	20.5	22	1.5
门襟缉线长/宽	13/3	14.5/3	**16/3**	17.5/3	19/3	1.5
里襟长/宽	11/3	12/3	**13/3**	14/3	15/3	1
插袋长/宽	4/7	4.5/7.5	**5/8**	5.5/8.5	6/9	0.5
胸贴袋宽/高	10/6	10.5/7	**11/8**	11.5/9	12/10	0.5/1
胸兜宽/高	14/11	15/12.5	**16/14**	17/15.5	18/17	1/1.5
背带长/宽	40/3	45/3	**50/3**	55/3	60/3	5
脚口缉线宽	1.5	1.5	**1.5**	1.5	1.5	—

（三）服装结构制图

儿童背带裤（100/53）服装结构如图6-2所示。

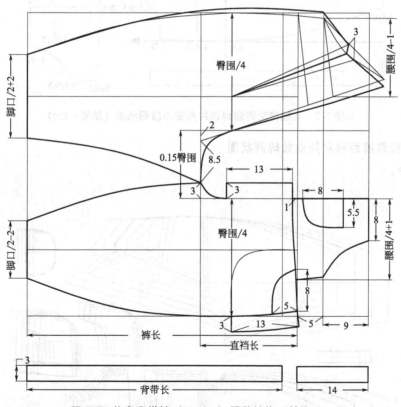

▲图6-2　儿童背带裤（100/53）服装结构（单位：cm）

（四）衣片推档放缩

1. 儿童背带裤面料衣片关键点放码档差

见图6-3。

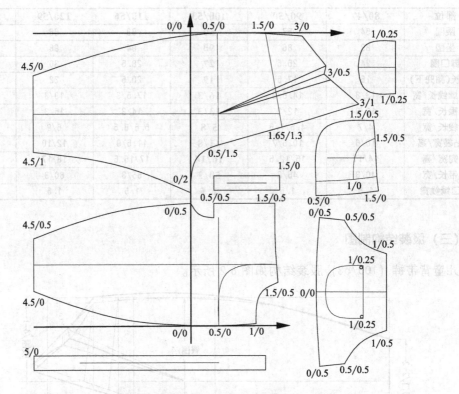

▲图 6-3　儿童背带裤面料衣片关键点放码档差（单位：cm）

2. 儿童背带裤面料衣片点放码网状图

见图 6-4。

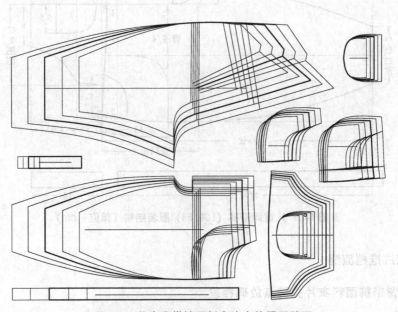

▲图 6-4　儿童背带裤面料衣片点放码网状图

（五）成衣工艺分析

1. 面料衣片缝份

后裆中缝缝份 1.5cm，脚口折边 2.5cm，胸贴袋袋口折边 2.5cm，其余 1cm。

2. 辅助材料使用

前身门里襟、两侧门里襟用无纺衬，8 粒纽扣分别用于：背带 4 粒、两侧开衩 4 粒。

3. 缝制工艺

通常选用全棉织物，有平纹帆布、斜纹卡其等。简做裤装工艺。

（六）服装样板绘制

该款服装生产样板有：面料、袋布、辅料、工艺样板。

1. 面料样板

见图 6-5。

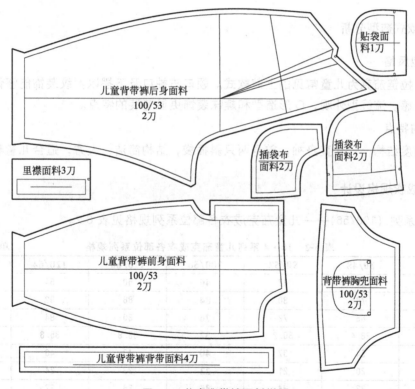

▲图 6-5　儿童背带裤面料样板

2. 袋布样板及辅料样板

门里襟无纺衬同门里襟面料样板。

3. 工艺样板

包括胸兜净板及贴袋位置样板，门襟缉线样板，两侧门里襟钮位板。

二、儿童茄克

儿童茄克款式见图 6-6。

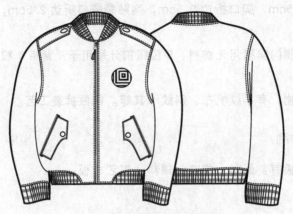

▲图 6-6 儿童茄克正背面款式

（一）款式造型分析

1. 造型风格

罗纹口拉链茄克为儿童常见的上装款式。领口与袖口及下摆以罗纹装饰能够体现童装的自由和亲和感。流线型外观，O 形造型和趣味装饰更显童装的特点。

2. 结构特点

四分围度结构，一片直身袖，前身两只斜插袋，结构简洁、大方，适合儿童春秋服用。

（二）成衣规格设计

10·4 系列 （100/56）——儿童茄克成衣各部位系列规格见表 6-2。

表 6-2 10·4 系列儿童茄克成衣各部位系列规格   单位：cm

部位	80/48	90/52	100/56	110/60	120/64	档　差
衣长(后)	38	42	46	50	54	4
胸围	76	80	84	88	92	4
摆围	68	72	76	80	84	4
肩宽	28.4	30.2	32	33.8	35.6	1.8
袖长	34	37	40	43	46	3
袖口围	20	21	22	23	24	1
领围	33	34	35	36	37	1
插袋长/宽	9/1.5	9.5/1.5	10/1.5	10.5/1.5	11/1.5	0.5
插袋盖长/宽	9/4	9.5/4	10/4	10.5/4	11/4	0.5
领高	3.5	3.5	3.5	3.5	3.5	—
下摆围宽	5	5	5	5	5	—
袖口宽	5	5	5	5	5	—
肩袢长/宽	8/3	8.5/3	9/3	9.5/3	10/3	0.5

（三）服装结构制图

儿童茄克（100/56）服装结构如图6-7所示。

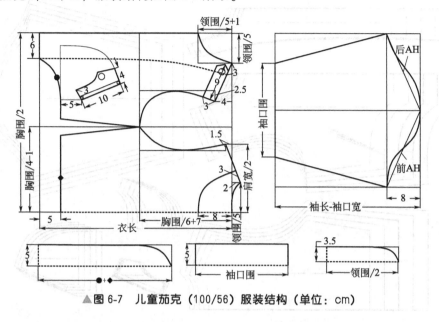

▲图6-7　儿童茄克（100/56）服装结构（单位：cm）

（四）衣片推档放缩

1. 儿童茄克面料衣片关键点放码档差

见图6-8。

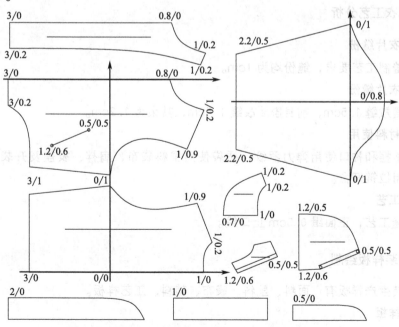

▲图6-8　儿童茄克面料衣片关键点放码档差（单位：cm）

2. 儿童茄克面料衣片点放码网状图

见图 6-9。

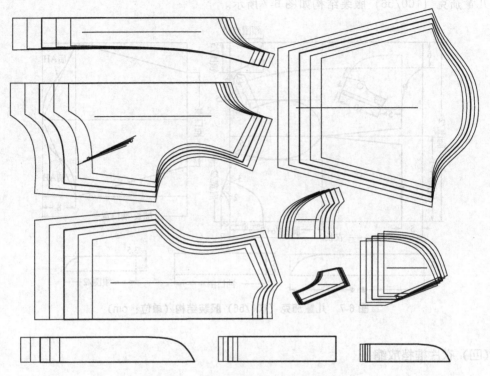

▲图 6-9　儿童茄克面料衣片点放码网状图

(五) 成衣工艺分析

1. 面料衣片缝份

无特殊缝制工艺要求，缝份均为 1cm。

2. 里料衣片缝份

里料下摆放缝 1.5cm，前身挂面放缝 1.5cm，其余为 1.2cm。

3. 辅助材料使用

领口、下摆和袖口使用弹力罗纹，插袋使用里料袋布，肩袢、袋盖及开袋处使用无纺衬，门襟使用拉链开合。

4. 缝制工艺

一般平缝工艺，正面缉 0.5cm 止口线。

(六) 服装样板绘制

该款服装生产样板有：面料、里料、袋布、辅料、工艺样板。

1. 面料样板

见图 6-10。

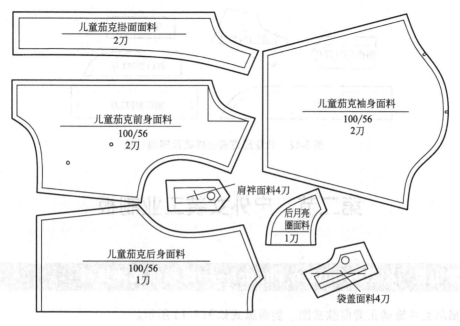

儿童茄克掛面面料
2刀

儿童茄克前身面料
100/56
2刀

儿童茄克袖身面料
100/56
2刀

肩襟面料4刀

后月亮圈面料
1刀

儿童茄克后身面料
100/56
1刀

袋盖面料4刀

▲图6-10　儿童茄克面料样板

2. 里料配置及样板

见图6-11。

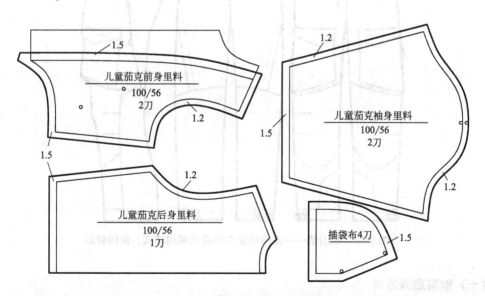

1.5

1.2

儿童茄克前身里料
100/56
2刀

1.2

1.5

儿童茄克袖身里料
100/56
2刀

1.5

1.2

1.2

儿童茄克后身里料
100/56
1刀

插袋布4刀

1.5

▲图6-11　儿童茄克里料配置及样板（单位：cm）

3. 袋布样板及辅料样板

见图6-12。

4. 工艺样板

前身插袋位板，插袋盖、肩襟净样板，罗纹服装净板。

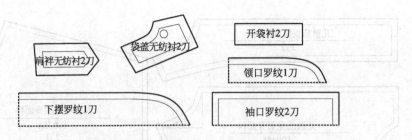

▲图 6-12　儿童茄克袋布样板及辅料样板

第二节　户外女装工业制板

一、攀山鼠（Klattermusen Vimur）——维穆尔女冲锋裤

维穆尔女冲锋裤正背面款式图、侧面款式如图 6-13 所示。

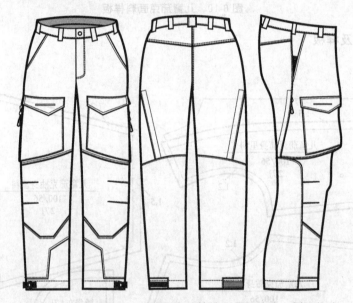

▲图 6-13　攀山鼠——维穆尔女冲锋裤正背面款式、侧面款式

（一）款型造型分析

1. 造型风格

"维穆尔（Vimur）"源自于北欧神话中的河流名称，寓意该系列裤装能够适应充满黑暗与寒冷的恶劣环境。本款属于单层硬壳户外服装。维穆尔（Vimur）冲锋裤造型较为宽松，腰臀与脚口实际松量较大，均使用束带收紧。裤身菱形分割片保证腿部可以自由活动，裤腿两侧为拉链式透气口，护片开口朝前，更加利于通风透气；强化臀部及膝盖面料，膝部

立体造型，增加弯曲角度，强化裤腿活动功能；可调式弹力脚口边；前腰部设计斜插裤袋，前裤腿正面设计有袋盖的拉链腿带，靠侧缝一边加装袋墙，增大储物空间。本款裤装适合野外及日常户外活动。款式来源于瑞典著名户外品牌——攀山鼠（Klattermusen），该品牌被业界公认为户外高端品牌。

2. 结构特点

维穆尔（Vimur）冲锋裤围度松量较大，属较宽松造型。裤身分割较多且前后裤腿在不同部位有交集，需做二次结构处理，如在大腿侧缝处和小腿侧缝处，前裤腿均过侧缝同后裤片部分相连接。裤身共计四只口袋，两只插袋和两只贴袋，贴袋以拉链开口并以袋盖遮挡风雨，两侧使用袋墙，增加储物功能。膝盖处设计两只膝省，保持造型和适应户外活动要求。脚口与腰部均有束带系扎，裤侧设计有透气拉链，维护本裤装的功能性。通过分割使不同的裤身部位使用不同材料，加强裤装的功能感。本款裤装整体结构复杂且具有新意，延续攀山鼠户外服装结构设计的一贯风格。该裤装为一款功能性极强的冲锋裤，适合登山、徒步、攀岩、滑雪等各式各样的极限户外运动穿用。

（二）成衣规格设计

5·2系列（160/78B）——攀山鼠-维穆尔女裤成衣各部位系列规格见表6-3。

表6-3　5·2系列攀山鼠-维穆尔女裤成衣各部位系列规格　　　　单位：cm

部位	150/74B	155/76B	160/78B	165/80B	170/82B	档　差
裤长	94	97	100	103	106	3
腰围	78	80	82	84	86	2
坐围	102	104	106	108	110	2
前浪（连腰）	25	25.5	26	26.5	27	0.5
后浪（连腰）	35.5	36.5	37.5	38.5	39.5	1
腿围	63	64.5	66	67.5	69	1.5
膝围(裆下30)	45	46	47	48	49	1
脚口围	42	43	44	45	46	1
腰宽	4	4	4	4	4	—
门襟缉线长/宽	14/3.5	14.5/3.5	15/3.5	15.5/3.5	16/3.5	0.5
里襟长/宽	14/4	14.5/4	15/4	15.5/4	16/4	0.5
插袋长/宽	17/5	17.5/5	18/5	18.5/5	19/5	0.5
腿袋长外/内	19/16	19.5/16.5	20/17	20.5/17.5	21/18	0.5
腿袋盖长/宽	17/5	17.5/5	18/5	18.5/5	19/5	0.5
腿侧透气拉链长	21	21.5	22	22.5	23	0.5
门襟拉链长	13	13.5	14	14.5	15	0.5
腿袋拉链长	16	16.5	17	17.5	18	0.5
脚口缉线宽	6	6	6	6	6	—

（三）服装结构制图

攀山鼠-维穆尔女冲锋裤（160/78B）服装结构、裤身与裤腿二次结构如图 6-14、图 6-15 所示。

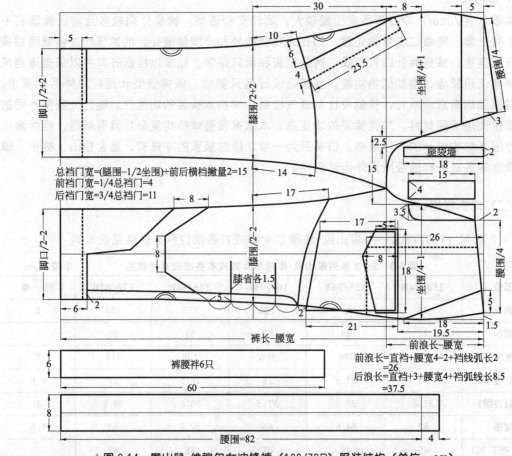

总裆门宽=(腿围-1/2坐围)+前后横档撤量2=15
前裆门宽=1/4总裆门=4
后裆门宽=3/4总裆门=11

前浪长=直裆+腰宽4-2+裆线弧长2=26
后浪长=直裆+3+腰宽4+裆弧线长8.5=37.5

▲图 6-14　攀山鼠-维穆尔女冲锋裤（160/78B）服装结构（单位：cm）

（四）衣片推档放缩

1. 攀山鼠-维穆尔女冲锋裤面料衣片点放码档差和衣身二次结构点放码档差

见图 6-16 和图 6-17。

2. 攀山鼠-维穆尔女冲锋裤面料衣片点放码网状图

见图 6-18。

（五）成衣工艺分析

1. 面料衣片缝份

维穆尔-女冲锋裤为单层结构，因此结构纸样只包括面料与辅料纸样。衣身为一般平缝工艺，缝份加放 1cm，在折边部位按要求加放。

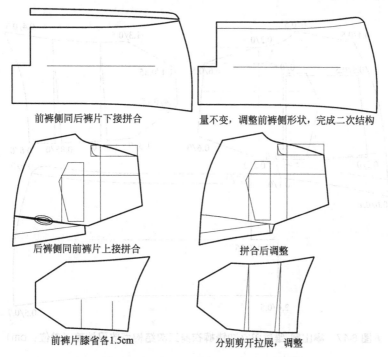

前裤侧同后裤片下接拼合　　　　量不变，调整前裤侧形状，完成二次结构

后裤侧同前裤片上接拼合　　　　拼合后调整

前裤片膝省各1.5cm　　　　分别剪开拉展，调整

▲图6-15　攀山鼠-维穆尔女冲锋裤裤身与裤腿二次结构（单位：cm）

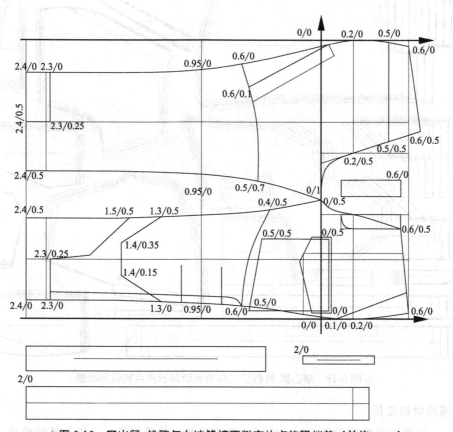

▲图6-16　攀山鼠-维穆尔女冲锋裤面料衣片点放码档差（单位：cm）

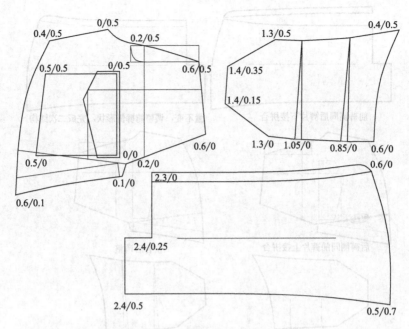

▲ 图 6-17　攀山鼠-维穆尔女冲锋裤衣身二次结构点放码档差（单位：cm）

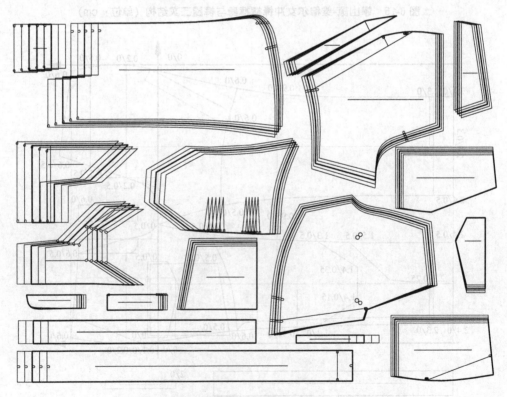

▲ 图 6-18　攀山鼠-维穆尔女冲锋裤面料衣片点放码网状图

2. 辅助材料使用

腰头、门里襟袋盖使用无纺衬，拉链、脚口搭扣、松紧绳带、卡扣等辅料使用。

3. 缝制工艺

攀山鼠（Klattermusen Vimur）——维穆尔女冲锋裤为单层结构，由于衣身分割较多，不同部位使用不同材料，且衣身使用拉链部位较多，因此成衣制作较为烦琐、复杂。在缝制中，按照不同部位使用不同材料进行缝合，缝合倒缝，正面缉 0.1cm 止口线，缝份为拷边工艺。

（六）服装样板绘制

该款服装生产样板有：面料、辅料、工艺样板。

1. 面料样板

见图 6-19。

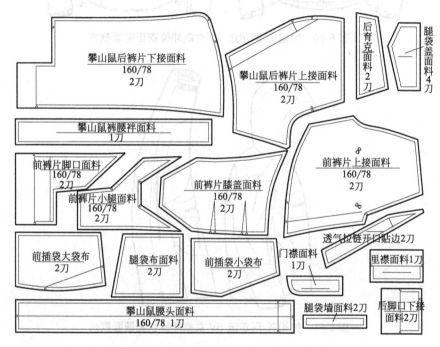

▲图 6-19　攀山鼠-维穆尔女冲锋裤面料样板

2. 工艺样板

腰头净板及裤袢位置样板，腿袋净样板，门襟缉线样板。

二、始祖鸟（Arc'Teryx Alpha SV）——阿尔法 SV 女款冲锋衣

阿尔法 SV 女款冲锋衣正背面款式图、侧腋面款式如图 6-20、图 6-21 所示。

（一）款式造型分析

1. 造型风格

属轻便型单层结构硬壳冲锋衣。始祖鸟是加拿大的顶级户外品牌，其运动背包和冲

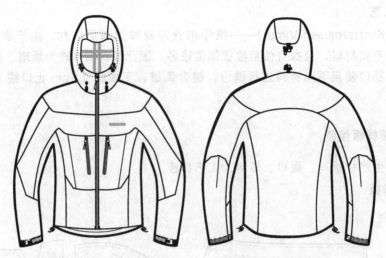

▲图 6-20 始祖鸟-阿尔法 SV 女款冲锋衣正背面款式

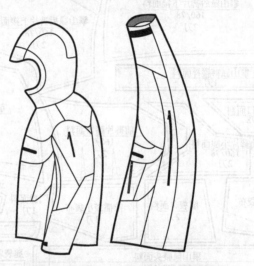

▲图 6-21 始祖鸟-阿尔法 SV 女款冲锋衣侧腋面款式

锋衣连年获得各种评比中的多项奖项,是户外运动爱好者的首选品牌之一。始祖鸟的这款 Alpha SV 顶级极地防水冲锋衣针对最严酷的户外环境而设计,旨在为运动爱好者提供最终极的保护,被授予美国登山协会向导推荐奖。采用三层轻型尼龙格子纹面料 + 三层 530N Gore Tex Pro Shell 防撕裂尼龙加强面料,具有超强的防风防水、保暖透气性;弯身袖结构,活动自如;层压式下巴防风挡,可兼容头盔的一体化风帽,支持单手调节以获得最大视野;聚酯防水(Water Tight)口袋拉链带模压成型 Zipper Garages 拉链头盖,带来更好的防风防水保暖性;三层模切 Velcro® 弹性袖口并支持魔术贴调节,下摆抽绳设计。本款为单层结构,特色明显,衣身分割呈对称形式,分割线与袖身及前后身构成整体样式,流畅中透着精细,尤其是前身在袖窿处的转折部分,能够很好地体现精致的效果。衣身除设计有打褶造型外,较复杂的便是弯身袖造型,通过分割处理,将弯身袖所需弯折量巧妙地隐藏于分割线之中。衣身前短后长,有完备的透气系统与束放系统设计,适合专业户外运动穿着。

2. 结构特点

本款符合四分胸围、连身袖结构设计方法。尽管服装衣袖为外装袖样式，但由于户外服装的整体造型设计思路，因此在结构设计也需要使用整体结构设计方法，这样才能同造型的思路相一致，便于结构设计的开展。由于本款是女性服装，衣身在胸部的分割应将胸省量2cm转移其间，同时该衣片有2cm的衣褶量，能够保证口袋的容量。衣袖为弯身袖结构，且分片较多，需多次进行结构处理才能成型。衣帽为连身帽结构，把握衣领与帽身相融合的要求是连身帽结构设计要点之一，帽口同衣领一样应成上大下小样式；帽身为典型整体帽身加中接构成形式，腋下有透气拉链结构。衣长及胯，加长后摆，热压无缝收腰，2个弹性内袋，带拉链的袖袋可以安全保存小件物品，加强的肩部、肘部和袖口，一体化设计（胶合）带帽檐的帽子，特别为使用头盔而设计，帽子松紧调节方便可获得最大视野，单手可操作的帽口、帽中与下摆以及腰部收紧系统，可防止风雨侵入。前襟拉链和腋部拉链聚酯防水处理（Water tight）。

（二）成衣规格设计

5·4系列（160/88B）——始祖鸟-阿尔法SV（女款）冲锋衣成衣各部位系列规格见表6-4。

表6-4　5·4系列始祖鸟-阿尔法SV（女款）冲锋衣成衣各部位系列规格　　单位：cm

部位	150/80B	155/84B	160/88B	165/92B	170/96B	档差
衣长(后中)	64	66	68	70	72	2
1/2胸围	51	53	55	57	59	2
1/2腰围(腋下20)	48	50	52	54	56	2
1/2下摆	52	54	56	58	60	2
肩宽	46	47	48	49	50	1
前后下摆落差	6	6	6	6	6	—
袖长(肩点)	62	63.5	65	66.5	68	1.5
袖笼高(直量)	21.4	22.2	23	23.8	24.6	0.8
1/2肘围(底袖长一半)	17	17.5	18	18.5	19	0.5
1/2袖口围(紧)	13	13.5	14	14.5	15	0.5
1/2袖口围(松)	9	9.5	10	10.5	11	0.5
上领围	52	53.5	55	56.5	58	1.5
下领围	49	50.5	52	53.5	55	1.5
后领高	12	12	12	12	12	—
前领高	12	12	12	12	12	—
1/2帽宽	26	26.5	27	27.5	28	0.5
帽高	33	34	35	36	37	1
帽中长	43	44	45	46	47	1
帽舌高	5	5	5	5	5	—
直胸袋拉链长	15	15.5	16	16.5	17	0.5

续表

部位	150/80B	155/84B	160/88B	165/92B	170/96B	档差
胸插袋拉链长	16	16.5	17	17.5	18	0.5
门襟拉链长	70	72	74	76	78	2
腋下通风拉链长	30	31	32	33	34	1
门襟/里襟宽	3/3	3/3	3/3	3/3	3/3	—
帽口/帽中松紧拉绳	71/71	73/73	75/75	77/77	79/79	2
中腰/下摆松紧拉绳	127/127	131/131	135/135	139/139	143/143	4

(三) 服装结构制图

始祖鸟-阿尔法女款冲锋衣（160/88B）前衣袖结构图、后衣袖结构图、衣袖二次结构图、衣帽二次结构如图 6-22～图 6-25 所示。

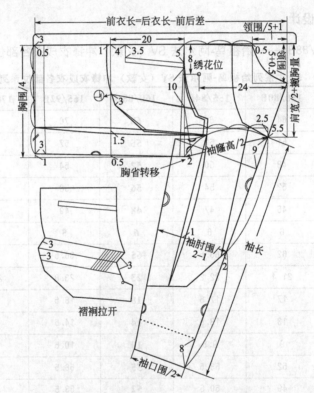

▲图 6-22　始祖鸟-阿尔法女款冲锋衣（160/88B）前衣袖结构（单位：cm）

衣袖二次结构处理图如下。

衣帽和衣身袖二次结构处理如下。

(四) 衣片推档放缩

1. 始祖鸟-阿尔法女款冲锋衣面料衣片点放码档差

见图 6-26。

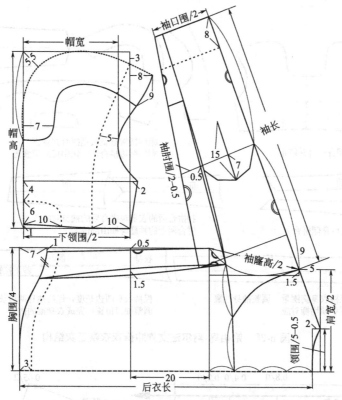

▲图 6-23　始祖鸟-阿尔法女款冲锋衣后衣袖结构（单位：cm）

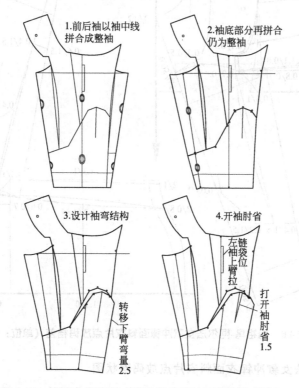

▲图 6-24　始祖鸟-阿尔法女款冲锋衣衣袖二次结构（单位：cm）

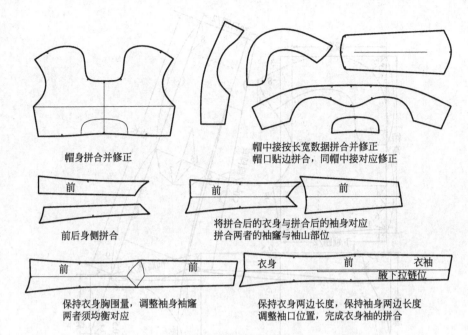

帽身拼合并修正

帽中接按长宽数据拼合并修正
帽口贴边拼合，同帽中接对应修正

前

前

前后身侧拼合

前   前

将拼合后的衣身与拼合后的袖身对应
拼合两者的袖窿与袖山部位

前   前

衣身   前   衣袖
腋下拉链位

保持衣身胸围量，调整袖身袖窿
两者须均衡对应

保持衣身两边长度，保持袖身两边长度
调整袖口位置，完成衣身袖的拼合

▲ 图 6-25　始祖鸟-阿尔法女款冲锋衣衣帽二次结构

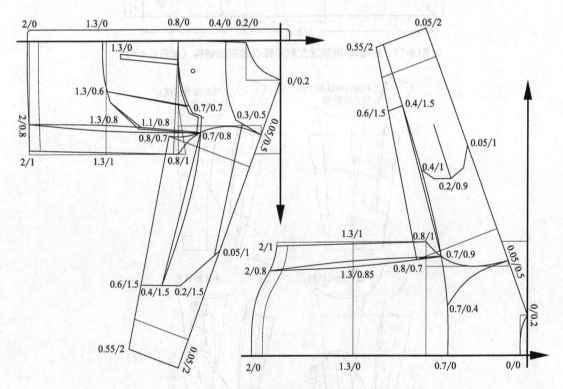

▲ 图 6-26　始祖鸟-阿尔法女款冲锋面料衣片点放码档差（单位：cm）

2. 始祖鸟-阿尔法女款冲锋衣面料衣片点放码网状图

见图 6-27。

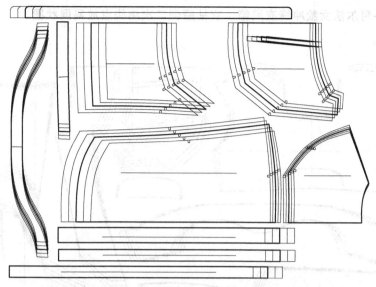

▲图 6-27 始祖鸟－阿尔法女款冲锋衣面料衣片点放码网状图

3. 始祖鸟-阿尔法女款冲锋衣风帽、衣袖腋侧二次结构点放码档差

见图 6-28。

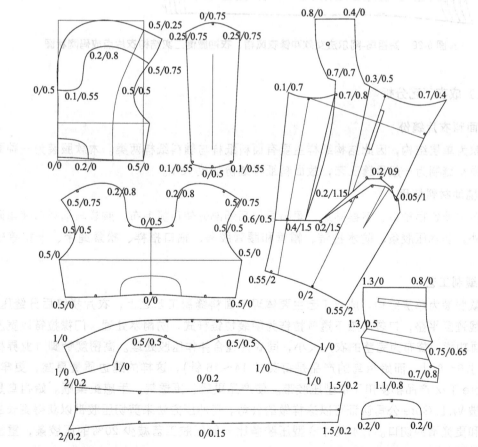

▲图 6-28 始祖鸟-阿尔法女款冲锋衣、风帽、衣袖腋侧二次结构点放码档差网状图（单位：cm）

4. 始祖鸟-阿尔法女款冲锋衣风帽、衣袖腋侧二次结构点放码网状图

见图6-29。

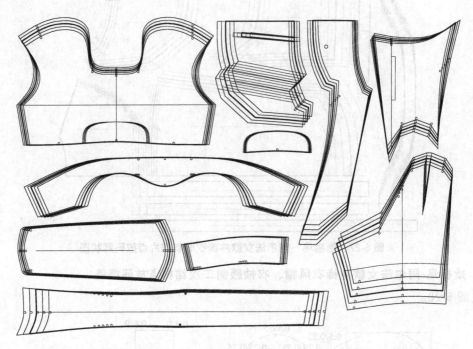

▲图6-29 始祖鸟-阿尔法女款冲锋衣风帽、衣袖腋侧二次结构衣片点放码网状图

（五）成衣工艺分析

1. 面料衣片缝份

本款为单层结构，因此结构纸样主要有面料纸样与辅料纸样两类。本款服装为一种面料构成，面料缝制为一般平缝工艺，故面料纸样缝份加放1cm。

2. 辅助材料使用

辅料主要包括袖口、下摆贴边，里襟里与后颈部分使用抓毛布，胸袋与插袋布使用网眼布，此外，防水压胶条、防水拉链、帽管和腰管胶条、袖口搭襻、松紧绳带、卡扣等辅料使用。

3. 缝制工艺

本款服装为单层结构，成衣工艺主要体现于面料缝制工艺之上，衣片拼缝后分缝压胶，表面无线迹且平整，口袋与腋下透气拉链为明装拉链样式，防雨水处理。门襟拉链以宽胶条替代挂面功能，袋布为完整的衣片大小，同衣片缝合并作压胶处理。高密度针脚（业界标准是每英寸6～8针，而始祖鸟的产品是每英寸14～16针），这样的缝边质量更高，更牢固。所有Gore Tex产品都使用了窄型压胶带。使产品更轻、更透气、手感更柔顺。始祖鸟是全球唯一被W. L. Gore公司认证可以这样做的公司。用冲压方法来剪切压胶带以获得更长的使用寿命和更光滑的切口。1/4英寸窄型压胶条比一般压胶工艺减少20%的压胶条，重量更轻，穿着更舒适。

（六）服装样板绘制

该款式生产样板有：面料、辅料、工艺样板。

面料样板见图 6-30。

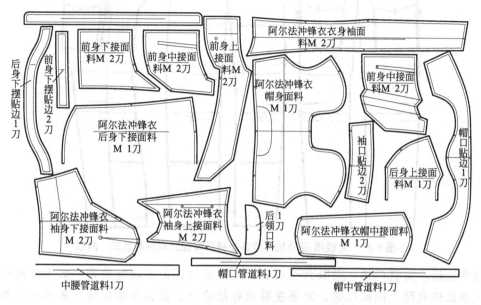

▲图 6-30 始祖鸟-阿尔法女款冲锋衣面料样板

第三节 户外男装工业制板

一、北极狐（Fjallraven Gaiter Trousers No. 1 W）——盖特锐男款多功能徒步裤

北极狐-盖特锐男款徒步裤正背面款式、侧面款式、内视如图 6-31 所示。

（一）款式造型分析

1. 造型风格

属软壳类单层结构多功能徒步裤。适合多环境下的徒步旅行和日常生活。北极狐(Fjallraven Gaiter Trousers No. 1 W)——盖特锐男款多功能徒步裤，整体采用耐磨的 G-1000® 面料，超级耐磨抗撕裂具备更出色的透气导湿性能。Fjallraven Gaiter No. 1 Trousers 是 Fjallraven 新推出的 Numbers 系列主打款裤装，是 2012 ISPO Munich（慕尼黑）唯一入围最佳产品奖的裤装产品，是新款服装当中唯一推荐裤装产品。Numbers 系列是 Fjallraven 的高端系列，全部采用环保材料制成，设计注重环保理念及耐用性能，工艺精湛，是 Fjall-raven 几十年来专业户外服装设计精华的集中体现。经过更贴身的设计，非常适合徒步旅

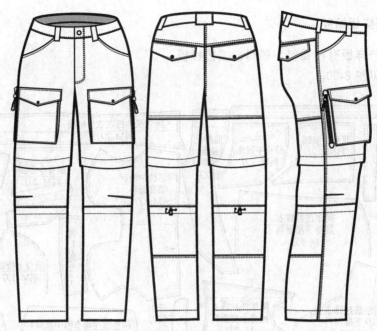

▲图 6-31　北极狐-盖特锐男款徒步裤正背面款式侧面款式，内视

行和日常生活。拉链门襟，总共六个口袋，可以放地图、工具等物件。其中有两个手插袋，大腿部位有两个按扣口袋，能够按需求存放物品。该款多功能徒步裤采用了两穿设计，可以根本不同户外环境拆卸变化穿着，裤腿部分同时采用了收紧设计，关键时刻可以充当雪套使用，膝盖部位采用仿生关节剪裁，并且设计有双层加厚保护，可以更好地保护膝盖，增强运动的灵活性，无论是徒步还是野外扎营都同样适用。精湛的工艺、独到的设计、细节处追求极致完美、同时兼顾卓越的功能性和耐用性，适合冬季寒冷环境或者滑雪等户外活动穿用。本款服装来源于瑞典著名户外品牌——北极狐（Fjallraven），该品牌创立 50 多年来，始终坚持品牌的传统，致力于为户外休闲运动提供创新的解决方案。

2. 结构特点

本款为四片裤装结构，横向分割将裤身分为几段，每段对应不同的功能。裤身采用环保 G-1000 面料（G-1000Eco），裤腿及后部、前袋采用超强耐磨的 G-1000HD 面料进行补强，防水及耐磨性能出色。膝盖处拉链可将裤身一分为二，上半部分变身短裤，下半部分变成绑腿，绑腿可通过抽紧抽拉绳进行加固。裤腿侧面配拉链，拉开后可提供更好的通风效果。腰部后部腰处加高，背包更舒适。裤脚可搭配锁定挂钩将裤腿固定在鞋面，提供更好的密封性能。前身两只插袋，后身一只挖袋，腿面两只贴袋，贴袋与开袋均有袋盖遮挡风雨，不仅具有储物功能，而且也能防风雨。贴袋旁有两根透气拉链。本裤装适合徒步爱好者、背包客及日常人群进行徒步穿越、背包游、日常生活等场合穿用。

（二）成衣规格设计

5·2 系列（175/80A）——北极狐-盖特锐男款冲锋裤成衣各部位系列规格见表 6-5。

表 6-5　5·2 系列北极狐-盖特锐男款冲锋裤成衣各部位系列规格　　单位：cm

部位	165/76A	170/78A	175/80A	180/82A	185/84A	档　差
裤长	100	103	106	109	112	3
腰围	88	90	92	94	96	2
坐围	104	106	108	110	112	2
前浪(连腰)	25	25.5	26	26.5	27	0.5
后浪(连腰)	36	37	38	39	40	1
腿围	64	65.5	67	68.5	70	1.5
膝围(脚口上47)	48	49	50	51	52	1
脚口围	46	47	48	49	50	1
腰头宽	4	4	4	4	4	—
裤上节长(连腰)	43	44	45	46	47	1
门里襟长/宽	14×3.5	14.5×3.5	15×3.5	15.5×3.5	16×3.5	0.5
腿袋长/宽	17×15	17.5×15.5	18×16	18.5×16.5	19×17	0.5
插袋口长/宽	8.6×7.8	8.8×7.9	9×8	9.2×8.1	9.4×8.2	0.2×0.1
腿袋盖长/宽	16×6	16.5×6	17×6	17.5×6	18×6	0.5
后臀袋盖长/宽	17×6	17.5×6	18×6	18.5×6	19×6	0.5
门襟拉链	14	14.55	15	15.5	16	0.5
腿侧透气拉链	19	19.5	20	20.5	21	0.5
前裤袢长/宽	6×2	6×2	6×2	6×2	6×2	—
后裤袢长/宽	6×8	6×8	6×8	6×8	6×8	—
脚口缉线宽	2.5	2.5	2.5	2.5	2.5	—

（三）服装结构制图

北极狐-盖特锐男款徒步裤（175/80A）服装结构如图 6-32 所示。

（四）衣片推档放缩

1. 北极狐-盖特锐男款徒步裤面料衣片点放码档差

见图 6-33。

2. 北极狐-盖特锐男款徒步裤面料衣片点放码网状图

见图 6-34。

（五）成衣工艺分析

1. 面料衣片缝份

北极狐徒步裤为单层结构，因此结构纸样只有面料纸样，裤身不同部位使用不同功能面料，整体工艺为一般平缝工艺。面料纸样除脚口折边加放 3.5cm 外，其余缝份加放 1cm。

149

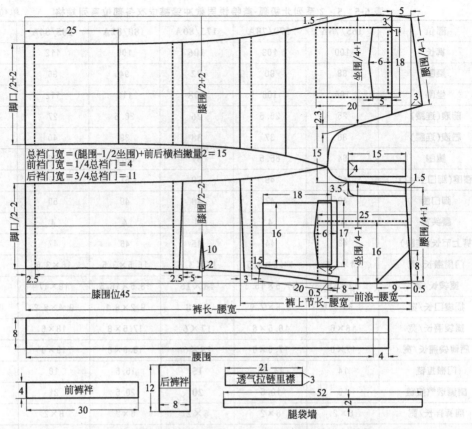

总裆门宽 = (腿围-1/2坐围)+前后横裆撇量2 = 15
前裆门宽 = 1/4总裆门 = 4
后裆门宽 = 3/4总裆门 = 11

▲ 图 6-32 北极狐-盖特锐男款徒步裤（175/80A）服装结构（单位：cm）

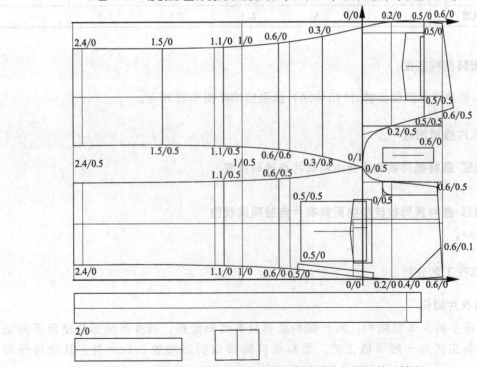

▲ 图 6-33 北极狐-盖特锐男款徒步裤面料衣片点放码档差（单位：cm）

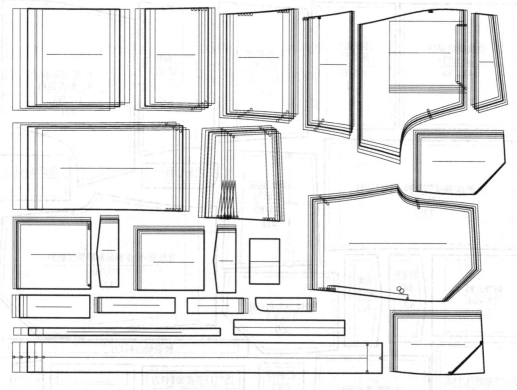

▲图 6-34　北极狐-盖特锐男款徒步裤面料衣片点放码网状图

2. 辅助材料使用

腰头、门里襟袋盖使用无纺衬，拉链、钦扣、松紧绳带、卡扣等辅料使用。

3. 缝制工艺

本款虽为单层结构，但口袋与拉链使用较多，因此成衣工艺相对复杂。下节裤身在膝盖处和脚口处均有拉绳收紧，裤身按分片结构缝合，缝份倒缝，除内裆外，均缉 0.1×0.6 厘米双止口线，缝份拷边，不做防水处理。

（六）服装样板绘制

该款服装生产样板有：面料、辅料、工艺样板。

1. 面料样板

见图 6-35。

2. 工艺样板

腰头净板及裤袢位置样板，腿袋净样板，门襟缉线样板。

二、巴塔哥尼亚（patagonia Leashless Jacket）——巴塔哥尼亚（莉茜莱斯）男款冲锋衣

巴塔哥尼亚冲锋衣正背面款式如图 6-36 所示。

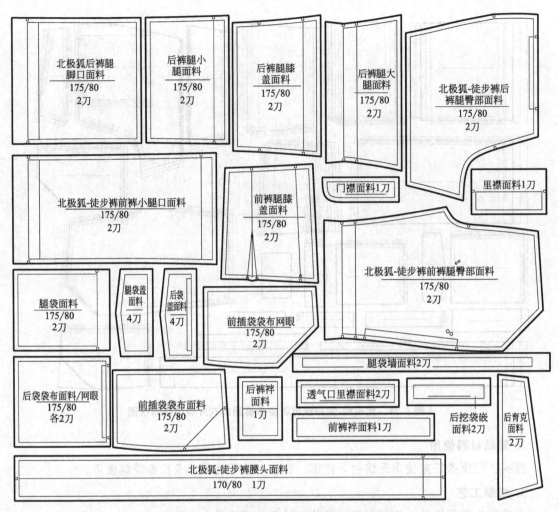

▲ 图 6-35　北极狐-盖特锐男款徒步裤面料样板

▲ 图 6-36　巴塔哥尼亚男款冲锋衣正背面款式

（一）款式造型分析

1. 造型风格

属轻量型单层结构软壳冲锋衣。常规茄克造型，衣长在臀围附近，连身风帽，分袖结构，门襟以拉链开合。双向可调节风帽，风帽可兼容头盔，压层帽舌，恶劣天气环境中仍能保持良好的视线，后颈部位和防风盖片部位使用抓绒面料，穿着更加舒适。左胸外侧口袋，使用防水涂层拉链；右胸内侧口袋，两侧插袋，均使用拉链并作 DWR（防水）处理，腋下防水通风拉链，袖口使用双向防水涂层拉链袖口魔术贴收束，下摆有调节绳扣，可以方便地调节松紧，阻隔风雪。本款服装来源于美国著名户外品牌——巴塔哥尼亚（patagonia Leashless Jacket），该品牌不仅被业界公认为户外高端品牌，而且为全球功能与生活方式完美结合的设计和营销的领导者，是美国户外品牌中的 Gucci（古驰）。裁剪和做工堪称完美。

2. 结构特点

莉茜莱斯软壳冲锋衣为四分结构方法，也可理解为六分胸围结构设计思路。前后身均有分割片，以侧缝拼合，构成较为典型的腋面结构，增加本款服装的体积感；衣袖为分袖结构，袖身为弯身结构设计方法，同常规设计有所不同，分为上臂与下臂结构设计，上臂通过分割并将肘省隐藏其中，下臂以袖口收省的方法体现弯身结构；风帽采用头盔式设计全方位保护，通过帽子松紧调节方便获得最大视野，可兼容头盔风帽，带遮阳板夹层设计，三向定位风帽，头部后侧及两侧有三点固定抽绳，后颈使用微羊毛衬里的抓绒面料，对颈部提供更加舒适的体验；腋下的透气拉链设计，单手操作十分的方便；一个左胸防水拉链口袋，内部右胸口袋，贴边使用 DWR（防水）耐久拒水处理技术拉链，带防水涂层通风腋下双向拉链，钩环闭合袖口，双调节拉绳下摆，密封性能强。

本款最为特别的是方形领堂和方形袖窿，而非常见的弧形结构；此外后领堂结构也较为特别，为无后领堂结构，将帽座设计于后领堂之中，与后衣身整体相连，起到帽座和衣领的作用。本款为风帽领结构，在帽领结构设计时应注意后身领高的结构要求。本款服装结构充分体现了巴塔哥尼亚户外品牌的一贯的创新精神，同时也体现了户外服装结构设计的自由与开放。总之本款服装结构设计新颖、简洁、实用。

（二）成衣规格设计

5·4 系列（175/92A）——巴塔哥尼亚（Leashless Jacket)-莉茜莱斯男款成衣各部位系列规格见表 6-6。

表 6-6　5·4 系列巴塔哥尼亚-莉茜莱斯男款成衣各部位系列规格　　单位：cm

部位	165/84A	170/88A	175/92A	180/96A	185/100A	档　差
衣长（后中）	71	73.5	76	78.5	81	2.5
1/2 胸围	58	60	62	64	66	2
1/2 下摆	57	59	61	63	65	2
肩宽	51.6	52.8	54	55.2	56.4	1.2

部　位	165/84A	170/88A	175/92A	180/96A	185/100A	档　差
前后下摆落差	3	3	3	3	3	—
袖长(肩点)	65	66.5	68	69.5	71	1.5
袖笼高(直量)	25.4	26.2	27	27.8	28.6	0.8
1/2袖肥	25.4	26.2	27	27.8	28.6	0.8
1/2肘围(底袖长一半)	20	20.5	21	21.5	22	0.5
1/2袖口围	16	16.5	17	17.5	18	0.5
前领宽	20	21	22	23	24	1
前领深	11	11.5	12	12.5	13	0.5
领围	52	53.5	55	56.5	58	1.5
后领高	5	5	5	5	5	—
1/2帽宽	26	26.5	27	27.5	28	0.5
帽高	35	36	37	38	39	1
帽长(后中)	67	68.5	70	71.5	73	1.5
胸插袋拉链长	16	16.5	17	17.5	18	0.5
侧插袋拉链长	19	19.5	20	20.5	21	0.5
门襟拉链长	69	71	73	75	77	2
腋下通风拉链长	31	32	33	34	35	1
里襟宽	3.5	3.5	3.5	3.5	3.5	—
帽口/帽中松紧拉绳	86	88	90	92	94	2
中腰/下摆松紧拉绳	132	136	140	144	148	4
下摆折边宽	3	3	3	3	3	—
右身里胸袋拉链长	17	17.5	18	18.5	19	0.5

（三）服装结构制图

　　巴塔哥尼亚-莉茜莱斯男款软壳冲锋衣（175/92A）前后衣身结构图、风帽、衣袖、腋面二次结构如图 6-37～图 6-40 所示。

（四）衣片推档放缩

1. 巴塔哥尼亚-莉茜莱斯男款冲锋衣面料衣片点放码档差

　　见图 6-41。

2. 巴塔哥尼亚-莉茜莱斯男款冲锋衣面料衣片点放码网状图

　　见图 6-42。

3. 巴塔哥尼亚-莉茜莱斯男款冲锋衣衣身结构图、风帽、衣袖二次结构点放码档差

　　见图 6-43。

4. 巴塔哥尼亚-莉茜莱斯男款冲锋衣衣身结构图、风帽、衣袖二次结构点放码网状图

　　见图 6-44。

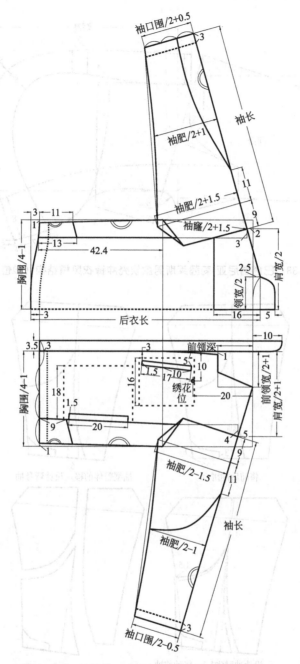

▲图 6-37 巴塔哥尼亚-莉茜莱斯男款软壳冲锋衣前后衣身结构（单位：cm）

（五）成衣工艺分析

1. 面料衣片缝份

莉茜莱斯男款冲锋衣为单层结构，因此结构纸样只包括面料与辅料纸样。衣身为一种面料构成，且工艺为一般平缝工艺，缝份加放1cm；辅料包括里襟里、下摆贴边、袖口贴边、后颈布、插袋布和左胸袋布；其中插袋布和左胸袋布里使用网眼材料，缝份加放1.5cm，后

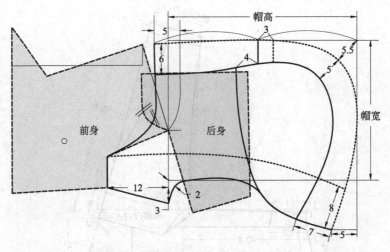

▲图 6-38　巴塔哥尼亚-莉茜莱斯男款软壳冲锋衣风帽结构（单位：cm）

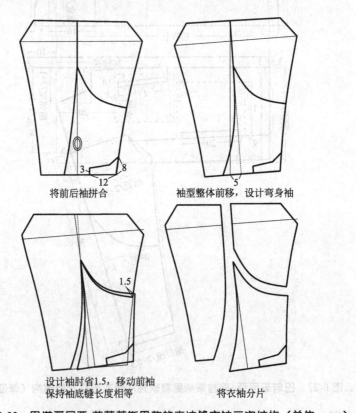

将前后袖拼合　　　　　　袖型整体前移，设计弯身袖

设计袖肘省1.5，移动前袖
保持袖底缝长度相等　　　　　　　　　将衣袖分片

▲图 6-39　巴塔哥尼亚-莉茜莱斯男款软壳冲锋衣袖二次结构（单位：cm）

颈布使用抓绒面料，纸样为净样，下摆贴边和袖口贴边使用抓毛布，缝份加放 1cm。

2. 辅助材料使用

　　辅料主要包括袖口、下摆贴边，里襟里与后颈部分使用抓毛布，胸袋与插袋布使用网眼布，此外，防水压胶条、防水拉链、帽管和腰管胶条、袖口搭襻、松紧绳带、卡扣等辅料使用。

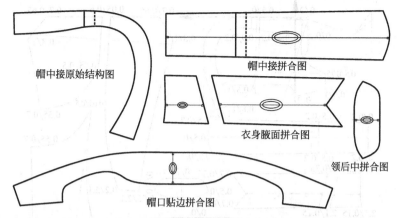

帽中接原始结构图

帽中接拼合图

衣身腋面拼合图

领后中拼合图

帽口贴边拼合图

▲图 6-40　巴塔哥尼亚-莉茜莱斯男款冲锋衣腋面二次结构

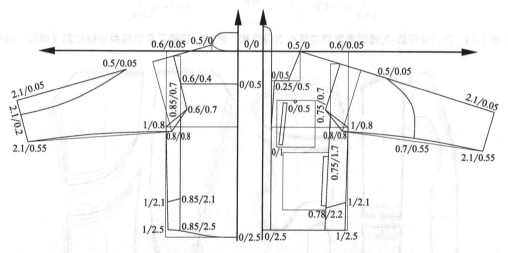

▲图 6-41　巴塔哥尼亚-莉茜莱斯男款冲锋衣面料衣片点放码档差（单位：cm）

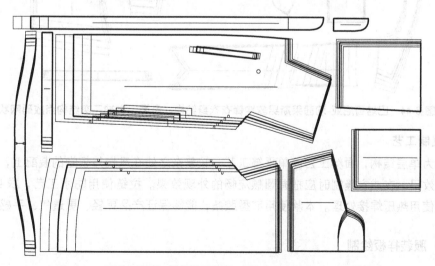

▲图 6-42　巴塔哥尼亚-莉茜莱斯男款冲锋衣面料衣片点放码网状图

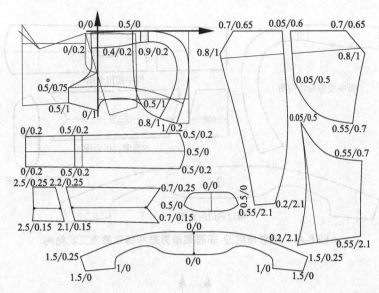

▲图 6-43　巴塔哥尼亚-莉茜莱斯男款冲锋衣衣身结构、风帽、衣袖二次结构点放码档差（单位：cm）

▲图 6-44　巴塔哥尼亚-莉茜莱斯男款冲锋衣衣身结构、风帽、衣袖二次结构点放码网状图

3. 缝制工艺

本款为单层结构，面料工艺简单平缝工艺，较复杂之处在风帽与领堂的装配上，由于领堂为非弧线效果，在成衣缝制时应把握圆顺流畅的外观效果。拉链使用防水工艺，衣身无内衬，所有接缝使用热压焊接处理。本款使用窄型胶条，能够保证产品更轻、更透气、手感更柔顺。

（六）服装样板绘制

该款式生产样板有：面料、辅料、工艺样板。

面料样板见图 6-45。

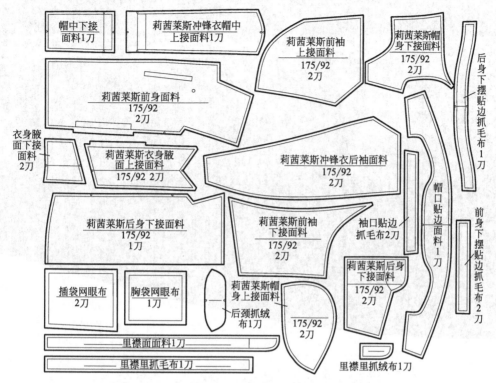

▲图 6-45　巴塔哥尼亚-莉茜莱斯男款冲锋衣面料样板

思考与练习

1. 童装系列规格档差有何特点？
2. 童装规格档差同成人有何不同？
3. 户外服装结构与工艺特点如何？
4. 户外服装二次结构推档同整体结构有何联系？
5. 如何进行童装及户外服装成衣工艺分析？
6. 如何保持服装制板中相关结构线的吻合？
7. 童装及户外服装推档时基准线设置方法？
8. 如何进行童装及户外服装推档检查与调整？
9. 如何进行童装及户外服装系列样板绘制？
10. 基准线在童装及户外服装不同位置，点放码档差的计算有何不同？
11. 怎样进行童装及户外服装推档中量型调整？
12. 有里料服装，衣里如何推档，衣里同面料有何关系？

第七章　服装排版排料与服装生产工艺文件

- 第一节　服装排版排料
- 第二节　服装工艺文件

学习目标

了解服装排版的规律，裁剪分床方案设计，铺料要求等内容；掌握服装排料的原则与要求，能够进行服装裁剪分床方案设计及不同服装的排料划样，学会不同服装耗料的计算。了解服装工艺文件相关知识，掌握服装生产工艺文件编制的格式、内容与要求等，能够就某款服装进行生产工艺文件的编制。

第一节　服装排版排料

一、服装排版

服装排版，又称之为裁剪方案的制订、画样排料、纸样排放、画皮排型等。它是一项技术性很强的设计工作，由企业的样板师负责完成。主要是将所需裁剪的服装工业样板，进行科学合理的布局，以期达到浪费最少、节约材料的目的。工业生产中的服装排版类似于工业印刷中的排版布局，排版效果好坏对材料的耗用标准、经济效益、生产效率、产品质量等都有直接的关系，在服装生产中也是一项关键的技术性工作。

（一）裁剪分床方案设计

服装裁剪是服装生产的第一道工序，对企业保证服装质量、节约成本、提高经济效益起到重要的作用。裁剪分床方案设计就是在保证服装质量的前提下，根据企业自身的生产与技术条件，设计出节约用料、省时高效的布匹分床铺料后再进行裁剪的方案。

1. 裁剪分床

俗称服装"裁剪分床方案"的制定，即将欲加工生产的所有服装规格，科学合理地进行搭配组合，以期达到最大限度节物、省时、高效的目的。

（1）分床要求　符合生产条件、提高生产效率、节约用料。

（2）分床内容　每床的最大厚度，即可铺料的最多层数（直刀长－5cm）；

每床的最长距离，即可铺料的最长的长度（裁剪台长度）；

每床的规格数量，即铺放的件数（单件/套用料长度）；

每床的最多规格，即可搭配的规格数量（整体规格配置）。

（3）分床方法　首先对有倍数关系的规格数量进行分床；其次对有同量关系与公约数关系的规格数量进行分床；最后对剩余的零头进行单独分床。

①算出不同规格、颜色服装的生产比例。②确定排料图，并算出每层各规格样板的数量。排料的依据是一级排料图，并根据生产的数量和不同规格样板组合、比例加以适当调整，在保证质量的前提下，提高布匹的利用率。③算出铺料的层数。铺料的层数主要依据各种规格和颜色的搭配比例，同时面料的性能、裁剪设备、裁剪技术也对其有一定的影响。④算出铺料的长度。铺料的长度主要依据铺床或裁床的长度和铺料的设备、布匹的长度及质地性能、每层样板的比例搭配等。⑤算出分配的床数。分配的床数主要依据总的生产任务。

2. 方案设计

① 根据生产总数量与各号型数量进行搭配，如有特定要求应严格按各号型规格数量，结合当前的实际情况，人为地进行各号型生产数量配置设计，注意合理性与科学性，既要体现出不同号型的数量特点，又要能够适应裁剪方案的设计。

② 在裁剪方案设计时主要考虑的因素　一是数量，二是规格，三是生产条件。其中更主要的是规格，一般使用两个规格进行搭配（有时也会使用三个及其以上的规格进行搭配），

当使用两个以上规格进行搭配时，其特点主要是排料较长，裁剪时版数减少，浪费较小，但开刀裁剪时间较长，同时也增加了走刀的几率。根据服装生产总体系列号型规格（如果有 7 个规格），第一次方案是 SS、L、XXXL；第二次方案是继续第一次方案未裁完的规格再进行一次搭配，如 SS、M、XXXL，原则仍然是大小套排（三个规格），如果第二次还未裁完，则进行第三次搭配 S、L、XXL；第四次 S、XL、XXL，M、L、XL——直至下最后一个规格；这时可排单件型（一个规格），以剩余的零头料裁剪（注意色差）；不同搭配排料的耗用应与中心号型相比较，要能与中心号型耗料基本接近，否则应进行重新搭配，重新排料（注意：每排完一版应认真复检一遍，是否有漏排现象）。

根据服装生产企业的操作实际，有时服装生产中的主色排版可达十几次（有的则更多），才能在不浪费的情况下合理地裁完所有规格数量，划出待用的每版型的具体型路（即排料图形），实际耗用的材料（裁片位置，并标明规格），以待铺料时用。

(二) 裁剪分床方案的表达方法

① 裁剪分床类别：主色、镶色、里料、其他。

② 表达方法：$(1/S + 1/M + 1/L + 1/XL + 1/XXL + 1/XXXL)A \times B$，其中：分子 1 为各规格在每一层所排的件数，分母 S、M、L、XL、XXL、XXXL 为各号型规格代号，A 表示铺料的层数，B 表示该方案所用的次数。

(三) 服装裁剪分床方案实例

【实例一】 已知：某服装公司有一款女春秋装 1500 件订单，订单见表 7-1。裁床长度为 7m，直刀长 12in，服装材料为全棉色织布，请设计不同的裁剪分床方案。

表 7-1　某服装公司订单（1）　　　　　　　　　　　　　　单位：件/套

订单号	××××××		产品名称：		女 春 秋 装	
规格	S	M	L	XL	XXL	XXXL
件数	150	300	300	300	300	150

解：(1) 本厂的裁床长度为 7m，如果经过反复排版，每床可以最多铺 5 件。

(2) $H_{max} =$ 直刀长度 $- 5cm = 12 \times 2.54 - 5 = 25.48$ （cm）。

所用面料为全棉色织布，据测算其平均厚度为 $H_0 = 1.5mm$，由此可以计算出最多的铺料层数：

$$L_{max} = H_{max} / H_0 = 25.48 / 1.4 = 177 （层）$$

根据生产任务书，以及上面分析的两种情况，可以产生 2 套典型的裁剪分床方案：

a.　1　$\begin{cases} (1/M + 1/L + 1/XL + 1/XXL + 1/XXXL) \times 150 \\ (1/S + 1/M + 1/L + 1/XL + 1/XXL) \times 150 \end{cases}$

b.　2　$\begin{cases} (1/S + 2/M + 2/L) \times 150 \\ (2/XL + 2/XXL + 1/XXXL) \times 150 \end{cases}$

分析：从这两套方案能看出，都是分两床裁剪，而且都铺料 150 层，每床都排 5 套样板，从节约用料以及符合生产条件来说，两种方案无多大差别，对于 a 方案，只用一套样板就可以裁剪，而 b 方案则需要两套样板，有重复劳动。b 方案两床的排料长度相差较大，两位裁剪工人的劳动量也有较大的差距，所以 a 方案比 b 方案有可取之处，是优选方案。

【实例二】 某服装公司要生产3600件男衬衫，订单见表7-2，面料为棉涤，其他条件见题解，请设计本次生产的裁剪分床方案。

表7-2 某服装公司订单（2） 单位：件

订单号	××××××			品名	男衬衫		
颜色	规格及数量						
无	38	39	40	41	42	43	44
白	0	100	100	300	300	200	200
蓝	200	200	600	600	400	400	0

解： 如果该服装公司的裁床很多，其中有4个裁床的长度能够一次铺6件，裁剪设备可以裁剪300层，根据订单生产任务，可以产生2套典型的裁剪分床方案。

a.　3 $\begin{cases}(1/39+3/41+2/42)\times[100(白)+200(蓝)] \\ (1/40+1/42+2/43+2/44)\times100(白) \\ (1/38+3/40+2/42)\times200(蓝)\end{cases}$

b.　4 $\begin{cases}(1/39+1/40+1/41+1/42)\times[100(白)+200(蓝)] \\ (1/41+1/42+2/43+2/44)\times200(白) \\ (1/38+1/40+1/41+1/43)\times200(蓝) \\ (1/40+1/41+1/42+1/43)\times200(蓝)\end{cases}$

分析：a方案铺料长度较长，铺料人员要多，共需铺3床，比b方案少1床；a方案每床铺6件，铺3床，共铺18件，而b方案每床只铺4件，铺4床，共铺16件，相比之下a方案有重复劳动，且工作量较大；a方案比b方案节约省料，但a方案有重复劳动，样板使用多套，铺料难度也较大。综合以上分析，选择b方案较好。另外，订单中如果有不同花色，在铺料时应尽量减少异花色面料的混铺。

在实际生产过程中，裁剪分床方案设计要受很多生产条件的限制，如人员、技术、裁床的长度、布匹的厚度和质地性能等，所以要灵活设计，不能生搬硬套，一定要遵守裁剪分床方案设计的基本原则，保证质量、省料、省时高效。

二、服装排料

服装划样排料是服装工业化生产的重要环节，在指定门幅的服装材料上，以最小的用料，裁剪出最多的合格裁片。运用成套规格的样板，按既定的号型系列搭配，进行合理的套排、划样，作出裁剪下料的具体设计，以便铺料、裁剪，裁出衣片和部件。服装排料划样，是成批裁剪最重要的一项技术工作，而且也是一种再设计，要求有多种技术知识。划样工作是裁剪工作中的主要工序之一，它与各工序之间有着紧密的联系。因此从事服装排料人员不仅要有高超的技术水平，还要有丰富的生产实践经验，只有掌握了排料知识，才能保证裁片质量、提高企业生产效益。

（一）服装排料划样的形式

服装排料划样的形式目前大致有两种，即人工排料划样和电脑自动排料划样。

1. 人工排料划样

纯手工的一种排料划样形式，一般为技术部门的专业人员实施。排料师根据服装生产的要求，结合预定的裁剪分床方案、自己的实际经验与对服装板型的感觉进行排料，把裁剪样板紧密排列，形成新的排料图。

2. 电脑自动排料划样

电脑自动排料划样是服装CAD的一个重要内容，需要向电脑输入相关的排料信息，如所有服装的裁剪样板、布匹的门幅、布边的预留宽度、排料图上各种规格样板的组合搭配、对条对格要求等，电脑根据这些信息会自动绘出所有的排料图，也可进行人机互动，从中选出最佳的排料图，根据生产需要可以打印输出缩样排料划样图。电脑排料划样科学、方便、迅捷，但成本高，目前只有具有一定规模的服装企业才有条件使用，但是电脑排料划样与自动裁剪将是服装生产的发展趋势。

3. 服装排料划样方式

(1) 直接划样　直接在所裁剪的布料上按样板进行排料。划样，它既是推刀开裁的路线依据，又是裁片的一层，这样，既省节，线条也清晰；但较易污染衣料，不适于薄料子（线条容易透至衣料正面）；而多用于色彩较深的厚料子。

(2) 纸上划样　用较薄的专用纸张画样，铺在需要裁剪衣料的第一层上面，作为推刀裁剪的依据，多用于贵重的薄料裁剪。优点是避免直接画样的污染，如用服装CAD排料后输出，可多次运用；缺点是费工费事且易走刀。但为目前服装生产企业首选划样方法。

(3) 漏花板划样　又称漏画板，即先在平挺、光滑、耐用、不抽缩变型的纸板上，按照衣料的幅宽，在上面排料画样，再按画线准确、等距、细密地打孔连线。再将漏画板铺在衣料的表层上，经漏粉漏画出衣料裁片的线，作为开裁依据。由于漏画出来的线，略像花形图案，故又称漏花板。多运用大批量的、经常要反复"翻单"的批量裁剪。

(4) 排料缩小图　是按实际排料画样的规格系列样板，按比例缩小的排料图，作为1∶1放大排料画样的依据，避免在长匹料上试排、设计、计算。既是裁剪排料画样的技术依据，也是材料消耗定额的计算依据，一般由专业人员设计，画排缩小图。

（二）排料划样的准备工作

1. 检查样板

检查样板与实物样品的一致性。

(1) 复核样板数量　在正式排料划样以前，必须对所领取的全套规格系列样板进行认真细致地清点复核。包括号型、款式、规格尺寸、零部件配置、大小块数量，要按本批数量要求进行检查，确认没有丝毫误差、缺短时，才能进行排料划样。

(2) 校对样板质量　核对即将使用的样板是否符合常规标准。样板的校对主要包括以下内容。

①样板是否经过技术和质量检验部门审核、确认，以辨其真伪。②对反复使用过的旧样板，确认规格大小没有变形、磨损、抽缩，要求样板边缘线条边保持顺直圆滑，保持其准确性。③弄清样板是毛样还是净样，采用什么样缝制方法，其缝份是否合乎要求，要保证质量。

2. 了解生产任务

对本次生产任务及技术质量要求了然于心。

(1) 领取或绘制排料缩小图　以此图为依据，制订各档规格的用料定额，做到排料画样手中有图，心中有数。

（2）核对生产任务通知单　根据通知单，核对所裁品种的款式、号型，原料花样号型，规格搭配，颜色花色、条格搭配。裁剪数量及裁片零部件是否与通知单吻合。

（3）核对用料　根据排料缩小图上规定的原料幅宽及用料规定的长度、数量与实际排料是否相符，并仔细考虑排料缩小图是否还有节约用料的余地。

3. 了解材料相关信息

如布匹的质地性能、反正面、仔细识别排料划样布料的正、反面、色差残疵分布，样板的纱向、对条对格、拼接部位的要求，铺料的要求等。

（1）平纹织物的正、反面　在外观上一般没有差异，因而没有正、反面之分。

（2）纱织物　如斜纹布、纱卡等均属于斜纹织物，其正面斜纹的斜路清晰、明显，织物表面上的纹向是"捺（乀）"斜；而织物反面则呈平纹织形。

（3）线织物　如华达呢，单、双面卡其等也属斜纹织物，正、反面的纹路都比较明显。但正面纹向为"撇（丿）"斜，反面纹向则为"捺（乀）"斜。毛料和丝绸斜纹织物中，上面"撇斜"和"捺斜"都有，但识别时注意纹路的清晰度，清晰的则为正面。

（4）缎纹织物　一般分为经面缎纹和纬面缎纹两种。经面缎纹，以经纱浮出缎面为正面；纬面缎纹以纬纱浮出缎纹较多的为正面。同时，缎纹织物的正面都比较平整，紧密，并富有光泽；而反面的织纹则不明显，光泽也较暗。

（5）根据织物的提花、提条花纹来识别织物的正、反面　提花织物的正面提出的条纹或各种花纹不但比反面明显，而且线条轮廓清晰，光泽匀净、美观。

（6）一般织物　布边正面比反面平整；布边的反面边沿有向里的卷曲现象，有些织物（如丝、毛织物）的布边上有花纹或文字，正面的花纹或文字比较清晰、光洁；反面则比较模糊。

（7）常见的绒类织物　有长毛绒、平绒、灯芯绒、骆驼绒、斜纹绒、彩条绒等，可分为作外衣和内衣用两类。作外衣用的绒类织物，如长毛绒、平绒、灯芯绒、骆驼绒等，一般有绒毛的一面是正面；作内衣用的如斜纹绒、彩条绒、彩格绒等，有绒的一面为反面（朝里贴身）。双面绒的织物，以绒毛比较紧密、丰满、整齐的一面为正面。

（8）按《印染棉布包装和标志》国家标准规定　在每匹或每段原料的反面两端布角5cm以内，加盖圆形出厂印戳，以示原料的反面并表明已经检验过，可作正、反面识别标志。

除上述识别法外，要靠实践中多观察、比较和分析，就能逐步、熟练、准确地识别各种布料的正面、反面。

（三）排料划样的基本要求

1. 材料经纬纱向要求

（1）原料丝缕与裁片　纺织物是由经纬纱交织而成的，经纱、纬纱亦称直丝缕、横丝缕，经纬纱之间亦称斜丝缕，45°斜纱称正斜丝缕。直、横、斜丝缕各自表现出不同性能。为了使裁片符合款式造型和突出形体美的需要，合理利用原料的丝缕是裁剪过程中不可忽视的问题。如直丝缕具有垂直、挺拔、不易伸长的特点，所以衣片、袖片、裤片及挂面、腰面、牵条、袋口嵌条等通常采用直丝缕。横丝缕略能伸长，在有胖势的部位表现得丰满、自然，所以袋盖、领面等部件采用横丝缕。斜丝缕具有弹性，正斜丝缕弹性最好，在弯度较大的部位表现平服自然，所以滚边、荡条都采用 45°斜丝缕。总之，裁片要根据原料不同丝缕的性能，去适应服装立体造型的需要。

（2）裁片丝缕允许范围　各种不同服装的画样，对丝缕允许误差有不同的要求。毛呢服装的丝缕一般不允许斜，尤其是生产高档条格毛料服装，各裁片丝缕更不允许偏斜，否则会影响外形。但是在生产中低档印花和素色服装时，为了节约原料，在一定范围内允许有少量偏斜。对有明显条子的原料的画样，其丝缕是不允许偏斜的。对隐条原料的画样，也要酌情从严掌握，一般要略小于印花和素色原料的偏斜程度。

2. 拼接互借范围要求

服装的各主件和附件、部件，在不影响产品标准、规格、质量要求情况下，可以拼接、互借，但一定要符合国家标准规定。一般多指内销服装，外销服装在保证规格的前提下可使用互借方法，不破坏其结构。在有潜力可挖的情况下，尽量不拼接为好，有利保证产品质量，减少缝制工作量。按技术标准要求如下。

（1）衬衫拼接要求　袖子，允许拼角，不大于袖围 1/4；胸围前后身可以互借，但袖窿保持原板不变，按 $B/4$ 胸围计，可借 0.6cm，但前身最好不借。

（2）男女单裤拼接要求　男裤的腰拼接缝需在后缝处，女裤拼接缝允许在后腰处一次；裤后裆允许拼角，但长不超过 20cm，宽不大于 7cm、不小于 3cm。

3. 画线质量要求

划样线条，是推刀裁剪的依据，画线的质量，直接影响裁片的规格质量。具体要求如下。

（1）画线要准　把样板摆准、固定，紧贴样板画线。手势要准确不能晃动歪斜，偏离样板；尤其要掌握好凹凸弧线、拐弯、折角、尖角等，折向部位要画准、画顺。用力要适当，用力过大，容易使轻、柔、薄原料伸长，造成不准；用力过轻使线条不清或易脱落，也会给推刀带来影响。

（2）线条要清楚　线条要细，不能粗。做到线条窄细、清晰、准确，不能画双道线、粗线，线条不能断断续续、模模糊糊，以免影响推刀路线的准确性，产生线向里、向外的误差，影响裁片和零部件的规格或部件形状。

（3）画具要好　划粉要削薄，笔要削细，要根据各种产品原料的质地和颜色选择不同的划粉。衬衫、衣裙等衣料纱支较细，质地较薄软，颜色较浅，一般用铅笔画；布服装料较厚，色较深，可选白色铅笔或滑石片画；毛呢料因厚重、色深、纱支较粗，可选划粉画，画线所使用颜色的选择要十分注意，既要明显、清楚、易辨，又要防止污染衣料，不宜用大红、大绿的色粉、色笔画样，以免色泛至正面；同时也要防止画错后揩不掉、洗不净，造成换片损耗。尤其忌用含有油脂的圆珠笔、画笔等极易污染衣料的画具画样。

（4）标记符号到位　眼刀、钻眼等标记符号在服装批量裁剪中，起着标明缝份窄宽，褶裥、省缝大小，袋位高低，左右部件对称以及其他零部件位置的固定作用。有的用打眼作标记，有的不打眼用有色笔点眼作标记。所有标记符号都要求点准、打准，不能漏点、错点或多点。还必须对所画裁片的规格、上下层标记，用符号写清注明，以利于分色、编号、发片，这都是不可疏忽的工作。

综上所述，排料画样要求：部件齐全，排列紧凑，套排合理，丝缕正确，拼接适当，减少空隙，两端齐口。两端齐口是指布料的两个边不得留空当。既要符合质量要求，又要节约原材料。

（四）服装排料划样基本原则

1. 排料原则

（1）符合生产条件　服装纸样排版应适合生产加工条件及要求，排料时应注意衣片的正反面，服装部位的对称性，以免出现"一顺"现象。

（2）把握面料的性能　排版时应留心面料的方向性及面料表面外观特征，注意丝缕方向的处理、布面绒毛、光泽、图案、条格的变化规律及风格特征，避免服装外观出现差错。还应注意面料的色差问题，尤其注意衣片部位及色差等级，防止边色差出现。

（3）材料的利用率　服装排版划样应保证服装款式造型要求，最后的排版方案设计应是用料最省、耗时最少、最为合理的方案，因为同一套样板由于排放方式不同，材料利用率各异，服装排版在满足有关要求情况下，应力争降低材料损耗。排版利用率的提高以及排版方式是技术性很强的工作，只有通过长期实践总结经验，发掘技巧，方能成为一个合格的排料师。

2. 排料与划样要求与方法

（1）排料要求　排料前，首先应了解服装款式，材料剪切性能及要求，正确地运用排料方法；最后应认清材料正反面、布面色泽、花型及图案、是否有顺毛绒逆光色之区别，以免成衣后花色不对或错位；此外，应了解材料各种理化性能指标，作为排料时注意事项。

（2）排料方法　服装的主件和部件的样板形状各异，在画样时充分利用样板不同角度、弯势等形状进行套排。

① 先大后小：先摆排主件，然后将较小的部件安插在大样板的间隙及剩余的原料中，排料时先将主要的大衣片排放然后再排小零衣片，应尽量穿插在大衣片之间的空隙处为佳，以减少浪费。如图7-1、图7-2所示。

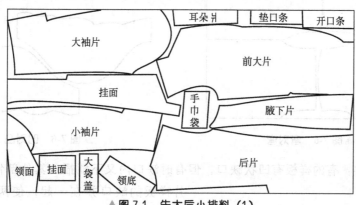

▲图7-1　先大后小排料（1）

② 减少空隙：样板形态各异，差异较大，其边线有直有弧，有斜有弯，有凹有凸，锐钝不等，排料时应据其特征采取直对直、斜对斜、弯对弯、凹对凸或凹对凹而加大凹部范围，便于其他衣片排放，尽量减少衣片间的空隙，节约原料。如图7-3～图7-6所示。

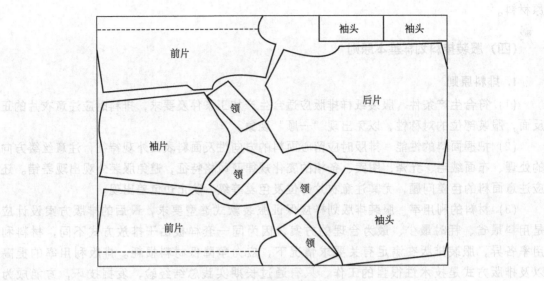

▲图 7-2　先大后小排料（2）

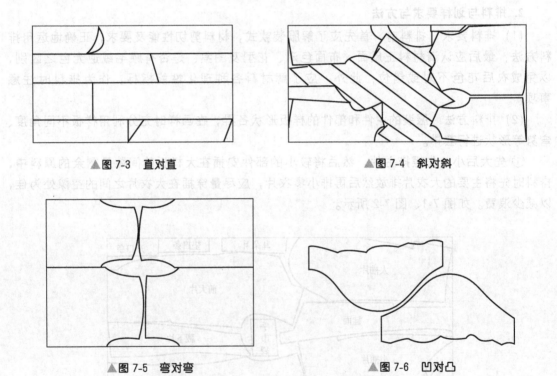

▲图 7-3　直对直

▲图 7-4　斜对斜

▲图 7-5　弯对弯

▲图 7-6　凹对凸

③ 缺口合并：有的样板有凹状缺口，但有时缺口内又不能插入其他部件，此时可将两片样板的缺口并在一起，使两片间的空隙增大，以便摆排另外的小样板，如图 7-7 所示。

④ 大小搭配：当同一床上排不同规格的服装时，可将大小不同规格的样板相互搭配，调剂排放，使衣片间能取长补短，实现合理用

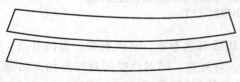

▲图 7-7　互套减少空隙

料，如上下装套排，大小号套排等。在套排时，应将大小不同规格的样板相互搭配，统一摆排，使样板之间可以取长补短，实现合理用料中档为先，大小搭配；先大后小，无一遗漏；紧密套排，凹凸相对，如图7-8所示；上下相连，左右相顺，如图7-9所示。

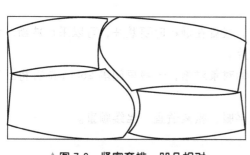

侧缝重合，无裁耗

▲图7-8　紧密套排，凹凸相对　　　　▲图7-9　上下相连，左右相顺

此外，调剂平衡，采取组缝衣片之间的"借"与"还"，在保证服装部位规格尺寸不变的情况下，只是调整衣片缝合线相对位置，以提高排版利用率；化整为零，即将某些次要部位的衣片，如里襟、挂面、夹里等，可将原整片分割成若干小片，便于排料于空隙部位，待缝制时拼装而成；丝缕调整，在有标准范围内，或征得客户同意，据衣片使用部位不同及面料结构不同，在一定范围内可以倾斜丝缕，以便排版省料。这三种处理方法一般先不宜选用，若按常规排料，省料不显时，才考虑用该方法，但必须供需双方都认可，且也给生产带来麻烦。因此在排料时可把握下列口诀：

齐边平靠，斜边颠倒；

弯弧相交，凹凸互套；

大片定局，小件填了；

经短求省，纬满在巧。

（五）铺料

铺料是依据裁剪分床方案，把服装材料按照一定的长度和层数铺在裁床上，铺料是批量裁剪中的一项重要技术工作。

1. 铺料前的准备工作

（1）领取排料画样图版　把1∶1的实际操作图和排料画样缩小图进行比较和核对，判断其是否有差误。

（2）核查和校对　向排料画样操作者领取本批产品所应画样的数量、规格、色号、搭配表和搭配明细分单，进行核查和校对，以便确定铺料方案。

（3）领取原辅材料　根据生产任务通知单的规定和要求，到仓库领取必需的全部原辅料。

（4）核对材料门幅　对领来的衣料、辅料，首先弄清各档排料画样图的门幅宽窄及衣料门幅的宽窄有无差异；其次初步计算出各匹衣料长度，并选择比较合适的铺料接头处。

2. 铺料时要注意的问题

（1）布匹的合理使用　根据二级排料图，排料图长的先铺，短的后铺，布料长度与排料图成倍数的要整理在一起，以减少铺料布头冲剪损耗。

（2）衔接位置的合理选择　为了节约布料，当布匹色号、花型一样时，铺料可以在合理的位置衔接。衔接位置可以选择样板在经向相互交错较短的部位，铺料布匹交错的长度就是样板交错的长度。在确定二级排料图后，铺料衔接的位置要标记在裁床的边沿，开裁后依此及时拿出余料。

（3）色差、残疵的避让　布匹上的色差、残疵在铺料时要避开，可以采用冲断、调头翻身等方法，实在无法避开的，要在裁剪后换片。

（4）对条对格　铺料要考虑上下层布料的对条对格，一般每间隔25cm左右将上下层相同的条格固定。

（5）铺层的平整性　铺料要使每层布匹平服、松紧适宜、丝缕顺直。

3. 铺料方式选择

根据衣料的花型图案、条格状况、服装品种、款式和批量大小的不同，铺料方式归纳为4种：来回对合铺料；单层一个面向铺料；翻身对合铺料；双幅对折铺料。在实际操作中，有时交替使用，有时只选择其中最适宜的一种方法。

（1）来回对合铺料（俗称双跑皮）　来回对合铺料是指在一层料铺到头后，折回再铺。即布料正面对正面、反面对反面的铺料方法。这种铺料后的裁片上下对称性高。根据布料的特点又可以分为双程和合铺料和单程和合铺料。当布料无特殊性要求，即无倒顺、无条格特点时可以采用双程和合铺料，见图7-10。当布料有倒顺毛、倒顺花、倒顺条格时，可以采用单程和合铺料，见图7-11，这种方式不一定每铺一层都要冲断（剪断）。

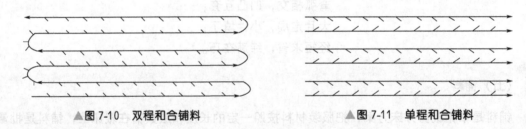

▲图7-10　双程和合铺料　　　　　▲图7-11　单程和合铺料

适用范围：

① 无花纹的素色衣料。

② 无规则的花型图案，即倒顺不分的印花和色织衣料。

③ 裁片和零部件对称的产品。

来回对合铺料的优缺点如下。

① 优点：对称性裁片比较准确，利于节约原料，采用不冲断可提高工作效率。

② 缺点：对于两端有色差的衣料，难以避免色差影响；对有倒顺毛、倒顺花的衣料不能采用此法，因为会出现上层顺、下层倒的现象。

（2）单层一个面向铺料（俗称单跑皮）　是指在一层衣料铺到头后冲断、夹牢，将布头拉回起点，再进行第二次铺料。每一层料以正面向下铺为宜，如果淡色料或容易拉毛、起球的衣料，为防止推刀时裁片移位、拉毛而弄脏衣料，在台板上先铺上一层纸。这种铺料方式与排料划样有关。适用于左右片不对称或需单片打眼定位的服装。根据布料的特点又可以分为单程同一面向排料和双程同一面向排料。当面料有倒顺毛、倒顺花形、倒顺条格时，可以采用单程同一面向铺料，如图 7-12（a）、（b）所示。

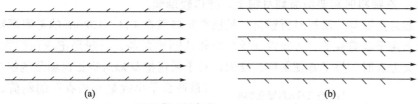

(a)　　　　　　　　　　(b)

▲图 7-12　单程同一面向铺料

适用范围：

① 经向左右是不对称的条子衣料。

② 左右不对称的鸳鸯格衣料。

③ 有倒顺毛衣料。

④ 服装的左右两边造型不同。

单层一个面向铺料的优缺点如下。

① 优点：对规格、式样不一样的裁片，采用单面画样、铺料，可增加套排的可能性，保证倒顺毛和左右不对称条料不错乱、颠倒。

② 缺点：由于是单面画样、铺料，左右两片对称部位容易产生误差。

（3）翻身对合铺料　翻身对合铺料是指一层衣料铺到头后，将衣料冲断翻身铺上。即一层翻身，一层不翻身，两层衣料正面朝里对合铺，使上下每层的绒毛方向、倒顺花图案一致吻合。采用这种方式铺料，主要由衣料上的花形、绒毛所决定的。如采取其他方式或者任意铺料就会使同一件产品的裁片有倒有顺。因此这种铺料适用于以下几种特殊需要。如图 7-13（a）、（b）所示。

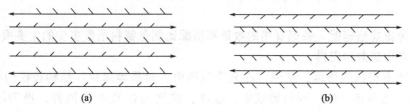

(a)　　　　　　　　　　(b)

▲图 7-13　双程同一面向铺料

适用范围：

① 左右两片需要对条、对格、对花的产品，用冲断翻身对合铺料，在铺料时上下层对准条、格、花，可使左右两片条、格、花对准。

② 有倒顺花图案的衣料，或图案中的花形虽然有倒、有顺，但主体花形是不可倒置的衣料。

③ 有倒顺毛的衣料。

④ 上下条格不相对称的鸳鸯格衣料。

翻身对合铺料的优缺点如下。

① 优点：使产品表面绒毛和倒顺花形图案顺向一致，使对格、对花产品容易对准；使

裁片的对称性好，刀眼、钻眼精确度高；方便缝制，对称的两片对合在一起，操作时由上往下按顺序取片，方便而不错片，并便于缝制。

② 缺点：在铺料时需要剪断翻身铺上，操作较麻烦。

（4）双幅对折铺料　双幅对折铺料，是指布料幅宽在144～152cm的毛呢厚料。这种门幅衣料，如未用于裁剪裤子，可以六幅排六条和八幅排九条，一般是把衣料门幅摊开铺料。但在裁男、女上衣时，为了方便画样、推刀，宜于采用把双幅对折正面朝里的铺料方式，尤其最适合于小批量对格衣料的裁剪。铺料示意图解说明见图7-14。

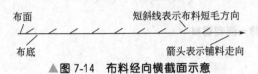

▲图7-14　布料经向横截面示意

适用范围：

① 用宽幅料裁剪小批量的男、女上衣。

② 宽幅料需要对格的产品。

③ 宽幅料中间有纬斜或门幅两边与中间有色差的衣料。

双幅对折铺料的优缺点如下。

① 优点：使对称的格、条的裁片，其长短、大小对格准确。

② 缺点：由于门幅相对变换（宽变窄），不易套排画样。

上述4种铺料方式是在一般情况选用，如遇特殊情况，还应采取相应的办法。譬如有些宽幅丝绸衣料的两边色差较明显，宽幅摊开、对折都难于避让色差，有时则采取宽幅剖开成单幅（窄幅）后铺料。各种铺料方式要综合、灵活运用，取长补短，以适应多种衣料要求。

4. 铺料层数选择

铺料层数与生产效率成正比，铺料层数越多，同一批裁片的数量也就越多，工作效率也就越高，但层数的多少，受多种条件、因素的制约，否则任意增加层数反而影响裁剪质量，达不到高效、优质的目的。因此铺料层数的选择，要考虑以下4个方面的因素和条件。

（1）要考虑规格搭配　各档规格的数量和搭配比例是铺料层数多少的主要根据，必须按搭配数量，考虑层数的安排。

（2）要考虑布料的质地、花形　在允许范围内，对质地薄软、结构较松的材料，推刀的铺料层数可适当多一些；对质地较紧、较厚、较硬的以及不易铺齐、推刀阻力大且容易滑动的衣料，要适当减少层数。裁同样数量的产品，如遇衣料两端色差，为了减少色差影响，减少套排件数，铺料层数应适当增加，以补件套数量的不足。对格对花产品，如遇格子、花纹、花形不匀时，会减少排件数，因此铺料也应增加套排件数量的不足。

（3）要考虑推刀技术　铺料层数的多少与推刀操作者的技术有密切关系。如绸料铺料的推刀，技术熟练的操作者可推刀分割300～400层，上下层的误差很小，能保证裁片质量；反之，技术较差的操作者推刀分割200层，也会出现裁片歪斜不齐的质量问题，增加修片的难度。

（4）要考虑刀具的功能　目前使用的电剪刀，一般有两种规格：大的电刀刀片长220mm，可分割的铺料厚度，最高可达160mm；而小型电刀刀片长170mm，可分割最高的辅料厚度只能是100mm。

三、服装耗料计算

技术部门按照一级排料图算出的是每个规格服装单件的耗料,即单耗,而在大批生产时还要知道每件服装的实际耗料,这就是实际耗料计算。

(一)实际耗料计算

1. 按用料长度计算

在门幅相同的服装材料上排料时,可以用每件的用料长度来计算实际耗料。

用料总长度/排料件数=实际耗料

2. 按材料利用率计算

材料利用率即排版利用率,是其量化指标,其定义为:排版利用率=样板面积之和/布幅面积×100%=(布幅面积—碎布面积之和/布幅面积)×100%。布幅面积易计算,只要知道排料长度及布料幅宽即可求得,但样板面积及碎料面积却不易计算,通常可用几何法、称重法、求积法三种,几何法误差较大,称重法较简单易行,求积法使用起来不方便。排版利用率的大小,取决于诸多因素,如排料方式、衣片形状、尺码规格、材料种类及特征、衣片数量、排料宽度及服装款式等,通常衣片形状越简单,套排服装越多,尺码规格接近,材料无正反面之别,衣片数量越多,排料宽度越大,排版利用率就越高,对于不同门幅的服装材料,材料利用率可以比较不同排料方法的用料情况。

排料面积—空余面积/排料面积×100%=材料利用率

(二)面积换算

近似求取服装耗料的一种方法,该方法实用、简便、迅捷,尤其是对于客户的询报价且相关人员无太多结构纸样专业知识的情况下,较为实用。首先根据客供服装样品,在不进行结构纸样设计的前提下,通过测量工具将服装各衣片进行简单的面积计算,即量取各衣片的长宽,得到各衣片的面积;然后进行累加,进而得到整件服装面积。其次,了解到使用材料的幅宽,即服装材料的门幅,通过面积相等的方法,求取到该款服装所需材料的长度,即耗料。最后根据该材料的大致价格便可对该款服装进行报价。

① 该款服装材料使用面积=已知材料幅宽×未知耗料长度

② 材料幅宽×排料长度=已知材料幅宽×未知耗料长度

(三)近似耗料计算

近似耗料计算是根据全部服装的耗料总数和生产件数所计算出的平均值,再加上合理的损耗,从而估算每件服装的近似耗料。服装企业损耗一般控制在3%~8%,个别管理较好的服装企业已开始实施3%的损耗。

服装耗料=实际耗料+实际耗料×3%=用料总长度(1+3%)/排料件数

第二节　服装工艺文件

一、服装工艺文件的概念

① 工艺即为生产加工的方法，也就是指劳动者利用生产工具对各种原料、半成品进行加工或处理使其改变现状、成分、性能、作用而成为产品的方法。

② 工艺文件则是对加工过的产品或零部件规定加工的步骤和加工方法进行指导的文件，是企业劳动组织、工艺装备、原材料供应等工作的技术依据。

③ 服装工艺文件是专门指导服装生产的一项最重要、最基本的技术文件，它反映了服装生产过程的全部技术要求，是指导服装加工和工人操作的技术法规，是贯彻和执行生产工艺的重要手段，是服装质量检查及验收的主要依据。

二、服装工艺文件的种类

服装工艺文件按其表现的形式大致分为三类。

1. 合约工艺文件

合约工艺文件制定的主体是贸易部门或客户。贸易部门或客户根据自己的需要向服装生产企业或生产部门下达的合约工艺文件（订单），重点布置服装生产企业或生产部门需要做到的有关服装生产的各项要求以及必须达到的技术指标（生产加工式工艺文件）。一般情况下，这一类工艺文件没有具体阐述工艺技术与操作技法，只是在宏观上对服装的生产提出要求。

2. 专用工艺文件

生产工艺文件制定的主体是服装生产企业。服装生产企业根据客户下发的约定式工艺文件（订单），为了能按质、按量、准时履约，在企业内部统一工艺操作，组织工艺流程而设计的生产工艺文件。这类工艺文件非常具体，针对性比较强，要求具体，内容详细，可以专门为完成某一客户的合约，或合约中的不同产品而专门制定。目前我国服装企业服装生产工艺文件大多定位于此类文件。

3. 基础工艺文件

基础工艺文件由服装生产企业的技术部门负责制定，属服装生产企业的内部技术文件，是技术部门按照相应服装产品的国家技术标准、法规，结合本企业生产实际，如生产设备、生产水平、生产规模、生产经验等，针对某一具体服装品种的全部生产工艺而制定的生产性工艺文件。如，针对裙装、男女西裤、男女西服、男女衬衫、茄克衫等具体产品的全部生产工艺方法。基础工艺文件是生产工人上岗前必须培训的基本教材和从事生产的必须具备的基本技能，是企业完成第一、第二种工艺文件的基本保证。

三、服装生产工艺文件的内容

服装生产工艺文件的内容根据服装各个生产工序的生产任务不同可以分为如下几种。

1. 样品制作工艺文件

样品制作与确认是服装大货生产的前提，是服装企业生产前的首要工作，也是服装生产的技术保证。它包括样板制作工艺与样品制作工艺两大部分。样板制作工艺文件要将样板制作的方法和技术要求进行简明扼要的说明，包括产品的款式结构、号型规格、工艺方法、样板的种类和数量、推档的依据以及制板时要考虑的服装面辅材料的性能指标等内容。样品制作工艺文件则主要介绍服装样品的制作方法与工艺要求，为后期的服装大货生产提供第一手资料。

2. 服装排料、裁剪工艺文件

排料是服装生产的前期工序，它直接关系到服装的质量和企业的经济效益。排料工艺文件主要包括一级排料图、额定单耗、面辅材料的规格、色号、排料的技术质量要求和最佳的裁剪方法等内容，也可以直接配上铺料分床设计方案和二级排料缩样图。

3. 服装缝制工艺文件

缝制工艺文件也叫工艺单，是指导服装缝制工艺流程的重要文件，它包括产品由裁片到成品的各个工序的生产技术方法和要求，主要包括产品规格、缝制技术质量要求、缝制的顺序和方法、配件的缝制部位、整理熨烫等内容。

4. 服装质量检验工艺文件

服装质量检验工艺文件是服装质量检验的依据，它主要包括服装的规格检验标准、服装各主要受控部位的测量方法、面辅材料使用检验标准、缝制检验标准、后整理检验标准等内容。

5. 服装包装工艺文件

服装包装是服装生产的最后工序，是服装成功输出的重要保证。为了使服装在输出过程中保持整理后的最佳状态，包装工艺文件要对服装包装进行严格要求（遵守客户约定）。包装工艺文件主要包括服装的折叠方法和尺寸、标签的吊挂位置、包装袋、包装箱的种类和规格、装箱的件数搭配等内容。

四、服装生产工艺文件编写格式

我国地域广阔，不同地区的服装企业所使用的服装生产工艺文件不尽相同，但所包含的内容大多是接近的。为了使服装生产工艺文件严格规范、使用方便，常将工艺文件制定成合理规范的格式，常用格式大致可以分以下几个方面，不同的企业可作相应的取舍。

(一) 封面

工艺文件的封面设计要醒目、扼要。根据封面内容的主次安排好顺序、层次、字体的大小，使封面内容重点突出，详略得当；封面一般为专用固定格式，主要内容包括：

① 款号、合约号、销售地区、产品生产数量。

② 产品平面款式图（正、反面）。

③ 制板人、工艺编制人、审核人。

④ 生产企业名称。

⑤ 工艺文件编制的日期。

（二）首页

工艺文件的内容涉及服装生产的各个部门，为了使各部门很快查找到与自己有关的工艺文件，首页要将工艺文件的主要内容设计成目录。以主要生产工序或部门做大标题，以主要生产内容做小标题，并注明大小标题对应的页码。

（三）正文

正文是服装工艺文件的核心，要把产品的所有生产要求涵盖在内。

1. 规格表

（1）成品系列主要规格表（大规格）　成品的主要规格一般是指主要部位的规格，如男衬衫的衣长、胸围、领围、肩宽、袖长、袖口等。

（2）成品系列细部规格表（小规格）　成品的细部规格一般是指成品的次要部位的尺寸，如男衬衫的袖窿弧长、袖克幅宽、袖衩长/宽/封口大小、胸袋位及大小、翻领与底领的宽、下摆的辑线宽等。

（3）成品服装部位测量方法与要求　正常方法一般在成品规格表中说明，非正常方法应加以特别说明，一般以图文并茂的方法或形式给出。

2. 原辅料表

（1）原材料耗用及搭配表　原材料是指服装的主要用料，一般指面料。原材料耗用是一件服装产品的用料，也称单耗。有时一件产品要搭配两种以上的原材料，或面料不同，或颜色不同，可以用搭配表说明。

（2）辅助材料耗用及搭配表　辅助材料是指主要用料以外的其他服装材料，一般指里料、衬料、垫肩、缝线、兜布、扣子、商标、吊牌等。辅助材料相对较多、零碎，为了不遗漏，可以用搭配表说明。

有时为了使服装的各种用料详细明确、一目了然，常将原辅材料的耗用及搭配用同一个表给出，这就是面辅材料明细表，如表 7-3 所示。

3. 样板使用说明

（1）裁剪样板使用说明　面、里、衬样板的使用方法，包括排版的数量、纱向、方向、对称与否等。

（2）工艺样板使用说明　兜、领、爿等工艺样板的使用方法，包括毛板、净板、画样板、扣烫板等。

（3）其他说明　对于需要特殊说明使用情况，要另外说明。如衬的样板是否与面料的样板相同，小部件是否正常排料，里子带条规格和裁剪方法等。

4. 裁剪工艺说明

（1）原辅料性能情况　对于正常和特殊的原辅材料的性能要说明，并对裁剪提出要求。如原辅材料是否有倒顺向、条格、文字方向、花纹图案，弹性、缩水性、热缩性等。

（2）排料要求与特点　排料时样板排列要紧密、丝缕绺顺直。

表 7-3　面辅材料明细表

合约号_____客户　　　_____销往　　　_____
订单号_____款号　　　_____数量　　　_____

主要用料（附样）		其 他 用 料		
		名　称	规　格	
面料				
里料				
衬料		商标	小商标	
			材料标签	
备注		吊牌	尺码标	

出样：　　　审核：　　　主管：　　　填表：　　　日期：

（3）排料图与分床方案设计　裁剪工人要在一级排料图的基础上经过反复实践得到节约省料、合理高效的排料图，即二级排料图，并设计分床方案。

（4）铺料要求　根据服装材料的特点和分床设计方案的要求，要规定铺料的具体要求和方法，例如是来回对合铺料，还是单层一个面向铺料等。

（5）开裁要求　开裁前要做好核对，并按照规定裁剪。裁剪人员要核对合同编号、规格、款式、生产数量、原辅材料的等级、性能、样板的数量及规格、铺料的长度及层数等。发现任何与裁剪工艺单要求不附的，不允许裁剪。

（6）分包与打号要求　为保证同一件服装没有色差，将检验好的裁片按照一定要求逐层逐片打号，同一件服装裁片的号码要一致。为了提高缝制效率，要将裁片分批、分组打包，再分配到相应的缝制车间和班组。

（7）粘衬要求　粘衬的部位、粘衬的种类和丝向、粘衬时的温度、粘衬的设备、压烫的方法要说明。

（8）辅料裁剪要求　辅料裁剪的画样要求、丝向要求以及零碎料的利用等要求说明。

（9）各工序质量控制与劳动定额情况　每道工序都要有严格的质量控制标准，如绱袖质量标准；每道工序的劳动定额，如绱一只袖子的时间，在工艺文件里都要说明。

5. 缝制工艺说明

① 缝制工具、针距、线迹、基本缝型要求。

② 缝制工序流畅的编排。

③ 粘衬部位与要求。

④ 中烫、半成品锁定要求。

⑤ 工艺样板使用部位及方法。

⑥ 辅助工具与专用设备使用情况。

⑦ 商标、尺码、各种唛份及标记缝制部位。

⑧ 各主要工序的基本方法与要求。

a. 零部件：主要包括兜、片、装饰物等的制作与质量要求。如男西裤后袋兜是双开线的，可以有几种制作方法，工艺文件要明确其制作方法，以免因制作方法的不统一而影响生产效率。b. 前身：包括前身的整体制作要求，如兜的位置与缝制要求、前身的归拔要求、面与里子的缝合、熨烫、里子清剪等要求。c. 后身：包括整个后身的制作，如对于公主线分割的女上衣，各个分割片的缝合、熨烫要求等。d. 袖身：包括袖口的制作、零部件的缝合、面与袖里的组合、袖山的抽聚、袖口的里子坐势、袖山里子的清剪方法等。e. 领子：包括领面、领底的粘衬方法与要求，领面与领底缝合以及窝势要求，装领的要求等。f. 里子：包括里子与面的里外匀要求、面与里子的缝合、拴吊位置和方法，如前后身、袖子的里子清剪的方法与要求等。g. 拼合：包括各个服装构件的自身组合，如男衬衫衣领由翻领和领座两部分构成，翻领又是由面和里底两部分构成；领座也是由面和里底两部分构成。先制作翻领，再制作领座，最后将两部分组合起来，工艺文件要将每一部分的缝制方法和要求说明清楚，必要的话可以附图说明。h. 总装：是指服装各个主要构件之间的组装方法和要求，如合肩缝、合侧缝、装领、装袖、勾下摆等。总装不仅要注意重点缝制的顺序，还要强调缝制的质量要求。i. 其他：对于特殊的服装款式或缝制方法，要特殊说明。

6. 后整理工艺说明

（1）锁钉工艺要求　包括锁眼的位置、大小、形状；锁眼线的种类；钉扣的方法，如线的来回次数，打线结的方法等。

（2）整烫包装工艺要求

① 整烫包括整理和熨烫。整理主要指清理成品上的活线头毛、死线头毛、污渍等。熨烫主要指对成品进行整体熨烫，如对领、袖、前后身、里子的熨烫以及所有褶皱部位的熨烫，使成品平、服、直、圆、挺、满、薄、松、匀、窝等。②包装要科学，保证产品送到消费者手中时能够最大限度地保持整烫时的效果，还可以将包装的外观进行设计，提升产品的档次，刺激消费者的购买欲望。

7. 装箱与储运说明

（1）装箱搭配　根据产品的重量、厚度、衣料的性能等特点，合理安排装箱的数量、方法、不同规格的搭配等。

（2）装箱要求　装箱的原则是即保证不损坏产品、不破坏产品的外观，还要保证装箱的件数，提高包装箱的利用率。

8. 其他流水安排与工序额定说明

（四）其他事项

其他在生产实际中可能会遇到的或可能会发生的，但在此"工艺文件"中未能说明或已涉及但不太清楚的事项，只要该事项的发生，可立即与"工艺文件"编写者联系。

五、服装生产工艺文件实例

① 样板及样衣制作任务书（属样品制作工艺文件范畴），是服装企业对于所要生产的服装进行工业制板，具体内容和要求见表7-4。

表 7-4　××服装有限公司大货样板及样衣制作任务书　　　　单位：cm

货号:9803-12	面料:4532-21♯	生产:S,L,XL		日期:2001-1-25	
产品名称:A型裙		制图部位	规格、号码		
款式图			S	M	L	XL
		裙长	53	55	57	59
		腰围	66	68	70	72
		臀围	93	96	99	102
		摆围	105	108	111	114
		裁片总数	面	块		
			里	块		
			辅	块		
			工艺	块		
			合计	块		
		样板数	块			

货号:9803-12	面料:4532-21#	生产:S,L,XL	日期:2001-1-25
样板制作:裁剪样板均为毛板,标注编号、货号、产品名称、纱向、对位记号等			
原身图形	原始结构图形、一图全档,在图纸上制板,存档		
面料(毛板)	前片:折边4cm,其余放缝1cm		
	后片:折边4cm,后中缝放缝1.5cm,其余放缝1cm		
	腰头:腰面、里相连,搭门3cm		
里料(毛板)	前片:下摆比面短4cm,侧缝比面宽0.5cm,腰口与面相同		
	后片:下摆比面短4cm,侧缝、中缝比面宽0.5cm,腰口与面相同		
辅料 (毛板)	腰头无纺(1块):同腰头面料样板。装拉链衬(两根):宽2cm长=拉链长		
	腰头树脂衬:(1块):腰头裁板的净宽		
工艺样板	腰头净板(1块):同腰头树脂衬		
样板示意图(比例:1:5)			

制板:×× ×	推板:×× ×	审核:×× ×	主管:×× ×

② 大货生产工艺单(属成衣生产工艺文件范畴),是服装企业对某一具体款式服装的缝制方法和要求的说明,包括服装的货号、面料代号、生产规格、服装规格、缝制具体要求等。一般以表格的形式给出,这样表述条理清晰,内容详尽,如表7-5、表7-6所示。

表 7-5 ×× 服装有限公司大货生产工艺单

货号:9803-12	面料:4532-21#	生产:S,L,XL	日期:2001-1-25		
产品名称:筒裙		尺码、部位	S	M	L	XL
款式图		裙长	53	55	57	59
		腰围	66	68	70	72
		臀围	93	96	99	102
		摆围	90	93	96	99

缝制说明:

1. 所有缝线的颜色要与对应部位一致,针距适宜,底面线松紧适宜。

2. 衬部位:开衩处、装拉链处、腰条,粘无纺衬。

3. 后中缝1.5cm分缝,侧缝1.0cm分缝。

4. 后中缝上端预留17cm开口装隐形拉链。

5. 净腰面宽3cm,腰头搭门长3cm,左侧腰头留搭门,右侧腰头与拉链开口顺齐;腰里锁边。

6. 开衩处左片上压右片,上片折边处要清剪缝头,只留两层。

7. 里料与面料的下摆分别制作,里料下摆折光1.2cm辑线。

8. 折边宽3cm,锁边,折边用三角针缲在面上,缲线松紧事宜。

在侧缝下摆处,里子和面的缝份拉线袢相连接,线袢长4cm左右;线袢两端固定在面净折边线上4cm高度

制板:×× ×	样品:×× ×	推板:×× ×	主管:×× ×	日期:×年×月×日

表7-6　××服装有限公司工艺卡与工序号

工　序	缝型名称(ISO 4915)	缝型构成示意图
工时		
设备		
缝份		
针距		图　解
操作指示		
质量要求		

制表：×××　　审核：×××　　主管：×××　　日期：×年×月×日

③ 排料图是专门指导裁剪车间进行排料的工艺文件，一般是以表附图的形式给出，见表 7-7。

表 7-7　×××服装有限公司排料图

合同号:GR2001-12	货号:9803-11	品名:男压胶上衣(双夹克)
铺料层数:190	铺料长度:7.2m	规格搭配:M、L

排料要求:

1. 此款是男式压胶茄克,面料要放开,风缩 24h 后开裁,要分清布匹的门幅。

2. 排版时请参照样衣,计划单。要注意面料的色差和样板的丝缕问题。

3. 网布的松紧要一致,布面平整,布边平齐。

4. 开刀要准,压线开裁,刀口与眼位准确。

5. 裁片符合样板,裁足板型尺寸。

6. 零头料应同裁版与层数相对应,以备用。

7. 裁片号码字要清楚,不能串号。

8. 魔术贴为圆角;松紧拉绳要热封口。

9. 左下节、后上节要单独打包,送印花。

裁片及数量如下:

1#	前上节 2	后上节 1	防水槽 1	左前袋垫 1	帽耳 2	
	左前袋盖 1	前中门襟拼 2	领子 X1	袖上节 2	帽顶 1	
	左前上袋唇 1	门襟 2	领条 X2		帽管条 1	
2#	前下节 2	前下袋 4	领里 1	袖下节 2	袖口 2	后中吊祥 1
	前下袋盖 2	前下袋垫 2	下巴护套 2	袖口拼 2	袖里小祥 2	后中小祥 1
210T 涤丝纺	前上袋布 2	袖里 X4	前里 2	后里 X1	帽顶里 1	帽侧里 2
	前下袋布 4	里袋唇 4	里上袋 4	里下贴袋 1		
复合摇粒绒	前片 2	后片 1	袖 2	领 2	里贴袋 2	

排料图:

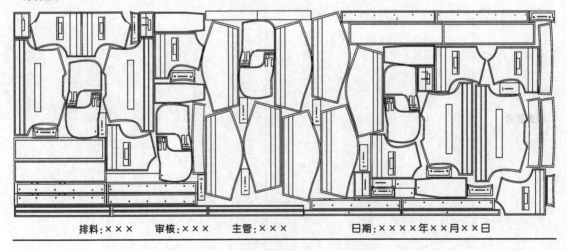

排料:×××　　审核:×××　　主管:×××　　　　日期:××××年××月××日

④ 工序分析表,对服装成衣生产的工序编排、人员安排、设备使用、所耗时间等作列表分析,其作用为生产管理部门进行企业"工业工程"管理与掌控生产进度的主要依据之一。如表 7-8 所示"女衬衫成衣缝制工序分析表"。

表7-8　×××服装有限公司女衬衫工序分析表

工　序		品名:女衬衫	编　制　人:		日　　期:	
作业员	工序号	工序名称	工序时间/s	作业分配时间/s	设备型号	台数
1	1	前门襟粘衬	25	70	熨斗、烫台	1
	12	领粘衬	15			
	13	袖头粘衬	15			
	2	折烫前门襟	15			
2	3	缝肩省	15	44	平缝机 GC6-1-D3	1
	4	缝胸省	15			
	5	合肩缝	14			
3	7	缝袖衩条	25	70	平缝机 GC6-1-D3	1
	8	装袖	45			
4	10	合肋缝、袖底缝	35	53	平缝机 GC6-1-D3	1
	20	车辑下摆	18			
5	12	前门襟锁边	12	60	包缝机 GN3-1	1
	6	肩缝锁边	10			
	9	袖窿锁边	20			
	11	肋缝、袖底缝锁边	18			
6	14	袖头画样、领画样	40	40	圆珠笔	
7	15	暗勾袖头、衣领	35	35	平缝机 GC6-1-D3	1
8	16	翻烫袖头、衣领、门里襟下角	80	80	熨斗、烫台	1
9	17	装领	35	35	平缝机 GC6-1-D3	1
10	18	装袖头	35	35	平缝机 GC6-1-D3	1

工序分析员:×××　　审核:×××　　主管:×××　　日期:×年×月×日

思考与练习

1. 什么是服装工艺文件?在企业生产中有何作用?
2. 服装工艺文件的种类有哪些?各有什么内容?
3. 编写服装工艺文件需要什么格式?应该注意些什么?
4. 服装生产工艺文件具体包括哪些主要内容?
5. 以某一服装产品为例编制该产品的服装生产工艺文件。
6. 服装裁剪分床方案设计的主要内容是什么?
7. 服装排料划样有哪些形式,各有什么特点?
8. 服装排料划样前有哪些准备?
9. 服装排料划样的原则是什么?
10. 结合服装系列样板制作,进行某款服装排料练习?
11. 根据服装实物样品或服装图片,进行服装耗料估算?
12. 铺料主要有哪些方法,怎样根据面料的特点选择不同的铺料方法?
13. 服装耗料的计算方法有哪些?
14. 试根据某一服装生产任务书,设计其裁剪分床方案。

附录

● 服装部件名称的中英对照与解释

服装部件名称的中英对照与解释

一、各种领子的造型名称

（倒挂领 ster collar）指领角向下垂落的领型。

（中山服领 zhongshan coat collar）由底领和翻领组成，领角呈外八字形。

（尖领 pointed collar，peaked collar）领角呈尖角形的领型，也叫尖角领。

（衬衫领 shirt collar）或衬衣领，由上领和下领组成，是衬衫专有的领型。

（圆领 round collar）指领角呈圆形的领型，也叫圆角领。

（青果领 shawl collar）是翻驳领的一种变形，领面形似青果形状的领型。

（荷叶边领 peplum collar）领片呈荷叶边状，波浪展开的领型。

（燕子领 swallow collar，wing collar）领面下止口的两条线形，似燕子飞翔时翅膀张开的形状。

（两用领 convertible collar）也叫开关领。指可敞开、可关闭的领型。

（方领 square collar）指领角呈方形的领型。如领面较窄，则称之为小方领。

（中式领 mandarin collar）指中式服装的领型，其结构为圆领角关门的立领。

（立领 stand collar，Mao collar）指领子向上竖起紧贴颈部的领型。

（海军领 navy collar）指海军将士们军服的领型，其领子为一片翻领，前领为尖形，领片在后身呈方形，前身呈披巾形的领型。

（扎结领 tie collar）也叫一字领，领片是一长条形，在前颈点可以扎成花结的领型。

（圆领口 round neckline）领圈呈圆形，根据情况领圈可开大开小，圆弧可呈圆形或呈椭圆等形状。

（方领口 square neckline）领圈呈方形。根据爱好可开成长方形或横向方形。

（V字领口 "V" shape neckline）领圈呈英文字母V字形状。根据款式的需要，V字的开口可大可小。

（一字领口 boat neckline，slit neckline，off neckline）前后衣片在肩部缝合只剩颈圈部位，前后领圈成一字形状，即呈水平线形状。

（鸡心领口 sweetheart neckline，heart shaped neckline）也叫桃形领，领圈呈鸡心形状，即下部尖、上部成圆弧状。

（底领 collar stand，collar band）也称领座，是连接领口与翻领的部位。

（翻领 lapel，revers）指翻在底领外面的领面造型。

（领上口 fold line of collar）领面的翻折线，即领外翻的连折处。

（领下口 under line of collar）领子与领窝的缝合部位。

（领里口 top collar stand）指领上口到领下口之间的部位，也叫领台高或起登。

（领外口 collar edge）指领子的外侧边沿处。

（领豁口 notch）也叫驳嘴，指领嘴与驳角间的距离。

二、袖子

（连袖 raglan sleeve）指衣袖相连、有中缝的袖子。中式上衣多采用这种袖子。

（圆袖 set-in sleeve）也称装袖，指在臂根围处与大身衣片缝合连接的袖型。圆袖是基本的西式合袖形式与肩袖造型。

（前圆后连袖 split raglan sleeve）指前袖椭圆形，后袖与肩相连的袖。

（中缝圆袖 set-in sleeve，kimono sleeve）指袖中线有合缝分割线的圆袖。

（衬衫袖 shirt sleeve）一片袖结构，长袖装有袖克夫。

（连肩袖 raglan sleeve）又称插肩袖，是肩与袖连为一体的袖型。

（喇叭袖 flare sleeve；trumpet sleeve）指袖管形状与喇叭形状相似的袖子。

（泡泡袖 puff sleeve）指在袖山处抽碎褶而蓬起呈泡泡状的袖型。

（灯笼袖 lantern sleeve；puff sleeve）指肩部泡起，袖口收缩，整体袖管呈灯笼形鼓起的袖子。

（蝙蝠袖 batwing sleeve）在肩袖连接处，袖窿深即腰节附近，整体造型如蝙蝠翅膀张开状的袖子。

（花瓣袖 petal sleeve）或称蚌壳袖，也叫郁金香花瓣袖，指袖片交叠如倒挂的花瓣的袖型。

（袖口 sleeve opening）袖管下口的边沿部位。

（衬衫袖口 cuff）即理克夫，指装袖头的小袖口。

（橡皮筋袖口 elastic cuff）指装橡皮筋的袖口。

（罗纹袖口 rib-knit cuff）指装罗纹口的袖口。

（袖头 cuff）缝在袖口的部件。

（双袖头 double cuff；French cuff；turn up-cuff；fold-back cuff）指外翻的袖头。

（袖开衩 sleeve slit）指袖口部位的开衩。

（袖衩条 sleeve placket）缝在袖开衩部位的斜丝缕的布条。

（大袖 top sleeve）指两片袖结构中较大的袖片，也称外袖。

（小袖 under sleeve）指两片袖结构中较小的袖片，也称内袖或里袖。

（袖中缝 sleeve center seam）指一片袖中间的开刀缝。

（前袖缝 sleeve first seam）大袖与小袖在前面的合缝。

（后袖缝 sleeve latter seam）大袖与小袖在后面的合缝。

三、口袋的造型名称

（插袋 insert pocket）指在衣身前后片缝合处，留出袋口的隐蔽性口袋。

（贴袋 patch pocket）指在衣服表面直接用车缉或手缝袋布做成的口袋。

（开袋 insert pocket）指袋口由切开衣身所得，袋布放在衣服里面的口袋。

（双嵌线袋 double welt pocket）指袋口装有两根嵌线的口袋。

（单嵌线袋 single welt pocket）指袋口装有一根嵌线的口袋。

(卡袋 card pocket) 指专为放置名片、小卡片而设计的小口袋。

(手巾袋 breast pocket) 指西装胸部的开袋。

(袋爿袋 flap pocket) 装有袋爿的开袋。

(袋盖袋 flap pocket)

(眼镜袋 glasses pocket) 指专为放置眼镜的口袋。

(锯齿形里袋 zigzag inside pocket) 指在袋口装有锯齿形花边的里袋，也叫三角形里袋。

(有盖贴袋 patch pocket with flap) 指在贴袋口的上部装有袋盖的口袋。

(吊袋 bellows pocket) 指袋边沿活口的袋，又称老虎袋、风箱袋。

(风琴袋 accordion pocket) 通常指袋边沿装有似手风琴风箱伸缩形状的袋。

(暗裥袋 inverted pleated pocket) 指袋中间活口的袋。

(明裥袋 box pleated pocket) 指袋中间两边活口的袋。

(里袋 inside pocket) 衣服前身里子上的口袋。

四、小部件造型名称

(领袢 collar tab) 领子或领嘴处装的小袢。

(吊袢 hanger loop) 装在衣领处挂衣服用的小袢。

(肩袢 shoulder tab；epaulet) 装饰在服装肩部的小袢。肩袢通常没有实用功能，只做装饰或标志用，如职业服及军服上面的肩袢。

(袖袢 sleeve tab) 装在袖口处，或兼有收缩袖口作用的小袢。

(腰袢 waist tab) 装在腰部的、为了穿入皮带或腰带用的小袢。

(腰带 waistbelt) 用以束腰的带子。

(线袢 French tack) 用粗线打成的小袢，多在夏装连衣裙上使用。

(挂面 facing) 又称过面或贴边，指装在上衣门里襟处的衣片部件。

(耳朵皮 flange) 在西装的前身挂面里处，为做里袋所拼加的一块面料。

(滚条 binding) 指包在衣服边沿（如止口、领外沿与下摆等）或部件边沿处的条状装饰部件。

(压条 sitched piping) 指压明线的宽滚条。

(塔克 tuck) 服装上有规则的装饰褶子。

(袋盖 flap) 固定在袋口上部的防脱露部件。

五、上装前身的部位名称

(肩缝 shoulder seam) 在肩膀处，前后衣片相连接的部位。

(领嘴 notch) 领底口末端到门里襟止口的部位。

(门襟 front fly；top fly) 在人体中线锁扣眼的部位。

(里襟 under fly) 指钉扣的衣片。

(止口 front edge) 也叫门襟止口，是指成衣门襟的外边沿。

（搭门 overlap）指门襟与里襟叠在一起的部位。

（扣眼 button-hole）纽扣的眼孔。

（眼距 button-hole space）指扣眼之间的距离。

（袖窿 armhole）也叫袖孔，是大身装袖的部位。

（驳头 lapel）门里襟上部沿驳折线向外翻折的部位。

（平驳头 notch lapel）与上领片的夹角成三角形缺口的方角驳头。

（戗驳头 peak lapel）驳角向上形成尖角的驳头。

（胸部 bust）指前衣片前胸最丰满处。

（腰节 waist）指衣服腰部最细处。

（摆缝 side seam）指袖窿下面由前后身衣片连接的合缝。

（底边 hem）也叫下摆，指衣服下部的边沿部位。

（串口 gorge line）指领面与驳头面的缝合线，也叫串口线。

（驳口 fold line for lapel）驳头翻折的部位，驳口线也叫翻折线。

（下翻折点 under turn up point）指驳领下面在止口上的翻折位置，通常与第一粒纽扣位置对齐。

（单排扣 single-breasted buttons）里襟上下方向钉一排纽扣。

（双排扣 two-breasted buttons）门襟与里襟上下方向各钉一排纽扣。

（止口圆角 front cut）指门里襟下部的圆角造型。

（扣位 button position）纽扣的位置。

（滚眼 pipe button-hole,）用面料包做的嵌线扣眼。

（前过肩 front yoke）连接前身与肩合缝的部件，也叫前育克。

（翻门襟 front strap, front band）也叫明门襟贴边，指外翻的门襟贴边。

（领省 neck dart）指在领窝部位所开的省道。

（前腰省 front waist dart）指开在衣服前身腰部的省道。

（腋下省 underarm dart, side dart）指衣服两侧腋下处开的省道。

（前肩省 front shoulder dart）指开在前身肩部的省道。

（肚省 stomach dart）指在西装大口袋部位所开的横省。

（通省 princess dart）也叫通天落地省，指从肩缝或袖窿处通过腰部至下摆底部的开刀缝。如公主线即是一种特殊的通省，它最早由欧洲的公主所采用，在视觉造型上表现为展宽肩部、丰满胸部、收缩腰部和放宽臀摆的三围轮廓效果。

（刀背省 french dart）是一种形状如刀背的通省或开刀缝。

六、上装后身的部位名称

（总肩宽 across shoulder）指在后背处从左肩端经后颈中点（第七颈椎点）到右肩端的部位。

（后过肩 back yoke）也叫后育克，指连接后衣片与肩合缝的部件。

（背缝 center back seam）又叫背中缝，是指后身人体中线位置的衣片合缝。

（背衩 back vent）也叫背开衩，指在背缝下部的开衩。

（摆衩 side slit）又叫侧摆衩，指侧摆缝下部的开衩。

（后搭门 back overlap）指门里襟开在后背处的搭门。

（领窝 neck）指前后衣片在肩部缝合后，再与领子缝合的部位。

（后领省 back neck dart）指开在后领窝处的领省，多呈八字形。

（后肩省 back shoulder dart）指开在后身肩部的省道。

（后腰省 back waist dart）指开在后腰部的省道。

七、下装的部位名称

（上裆 seat）又叫直裆或立裆，指腰头上口到横裆间的距离或部位。

（烫迹线 crease line）又叫挺缝线或裤中线，指裤腿前后片的中心直线。

（翻脚口 turn-up bottom）指裤脚口往上外翻的部位。

（裤脚口 bottom, leg opening）指裤腿下口边沿。

（横裆 thigh）指上裆下部的最宽处，对应于人体的大腿围度。

（侧缝 side seam）在人体侧面，裤子前后身缝合的外侧缝。

（中裆 knee, leg width）指人体膝盖附近的部位。

（脚口折边 turn-up bottom）裤脚口处折在里面的连贴边。

（下裆缝 inseam）指裤子前后身缝合从裆部至裤脚口的内侧缝。

（腰头 waist band）指与裤子或裙身缝合的带状部件。

（腰上口 upper edge of waist-band）腰头的上部边沿部位。

（腰缝 waistband seam）指腰头与裤或裙身缝合后的缝子。

（腰里 waistband lining）指腰头的里子。

［裤（裙）腰省 waist dart］裤（裙）前后身为了符合人体曲线而设计的省道，省尖指向人体的突起部位，前片为小腹，后片为臀大肌。

［裤（裙）裥 pleat］裤（裙）前身在裁片上预留出的宽松量，通常经熨烫定出裥形，在装饰的同时增加可运动松量。

（小裆缝 front crutch seam）裤子前身小裆缝合的缝子。

（后裆缝 back crutch seam）裤子后身裆部缝合的缝子。

参考文献

[1] 张宏仁．服装企业板房实务．北京：中国纺织出版社，2005.

[2] 张文斌等．服装结构工艺学．北京：中国纺织出版社，2003.

[3] 张文斌等．服装成衣工艺学．北京：中国纺织出版社，2003.

[4] 吴俊等．成衣跟单．北京：中国纺织出版社，2005.

[5] 上海市职业能力考试院，上海服装行业协会组编．服装制板（中级）．上海：东华大学出版社，
2005.

[6] 上海市职业能力考试院，上海服装行业协会组编．服装工艺（中级）．上海：东华大学出版社，
2005.

[7] 潘波．服装工业制板．北京：中国纺织出版社，2003.

[8] 魏静．服装结构设计（上、下）．北京：高等教育出版社，2000.

[9] 王秀彦．服装制作工艺教程．北京：中国纺织出版社，2003.

[10] 范福军．服装生产工艺．北京：中国轻工出版社，2001.

[11] 魏雪晶．服装样板缩放技术．北京：中国轻工出版社，2002.

[12] 赖涛等．服装设计基础．北京：高等教育出版社，2001.

[13] 史林．服装工艺师手册．北京：中国纺织出版社，2001.

[14] 中华人民共和国国家标准（GB/T 1335.1—2008、GB/T 1335.2—2008、GB/T 1335.3—2009）．
北京：中国标准出版社，2009.

[15] 戴孝林．男装结构与工艺．上海：东华大学出版社，2013.

[16] 罗春燕．童装工业制板．上海：东华大学出版社，2011.

[17] 成月华，王兆红．服装结构与制图．第 2 版．北京：化学工业出版社，2011.

[18] 余国兴．服装工业制板．上海：东华大学出版社，2011.